沿海地区大棚葡萄有害病变
图例与防治对策

徐小菊　陈青英　主编

中国农业出版社

主　　编：徐小菊　陈青英

参编人员：何风杰　沈宣才　金　伟

张启祥　王灵燕　陈正连

前　言

根据《中国葡萄志》的划定，浙江台州沿海属“美洲种和欧美杂种品种次适宜区”。然而，就是在这么一个生态条件下，20世纪70年代以前的浙江台州就创造了欧亚种葡萄栽培成功的先例，80年代的浙江则成了南方葡萄栽培热的发祥地，90年代又开始大面积推广设施栽培模式，使葡萄产业得到了快速升级，成为浙江省三个产业带（杭州湾葡萄产业带、浙中葡萄产业带、浙东沿海地区葡萄产业带）的主要产区。同时，台州是浙江大棚葡萄栽培面积最多的一个市，2010年全市大棚葡萄面积已达到3 785公顷，约占全省设施栽培面积的41%，产量6.3万吨，占全省的64%；单位面积产量22.77吨/公顷，比全国平均水平高出43.7%，比浙江省平均水平（17.5吨/公顷）高出30.1%；台州市葡萄产品“早熟”优势突出，比江浙其他产地提早20～30天，填补了市场空白，单位产值高，平均亩产8 164元，经济效益显著，已成为台州市的农业支柱产业，主产区温岭市还被誉为“中国大棚葡萄之乡”。

浙江东南沿海设施葡萄是大棚促成栽培，其方式有单膜覆盖、双膜覆盖。其优越性有：早熟增效、拉长供应期，有利于稳定果品价格和葡萄发展，扩大适栽品种选择范围，避免、减轻自然灾害和病虫害，生产优质、安全果品，提高果实商品性，是生产优质果、精品果，提高经济效益，推动葡萄产业发展的主要途径。但生产中也存在着枝蔓徒长、花芽分化差，及遭遇不同程度的冻害、雪害、热害、药害及台风（热带风暴）、龙卷风等问题。

本书作者就针对以上在生产上经常出现的问题，进行调查研究，获得相关资料、图片，整理成文，给广大种植户提供必要的参考。

本书部分药害照片由青岛星牌作物科学有限公司黄鹿小姐、温岭市农业执法大队陈士斌先生、玉环县神农果业专业合作社陈金辉先生提供，在此一并表示感谢。

目录

前言

绪言 …… 1

一、葡萄不同真菌性病害主要危害部位 …… 1
二、葡萄真菌性病害诊断与识别要点 …… 1

第一章　大棚葡萄侵染性病害主要种类及危害特点 …… 4

一、黑痘病的发病症状及防治措施 …… 7
二、灰霉病的发病症状及防治措施 …… 8
三、白腐病的发病症状及防治措施 …… 11
四、霜霉病的发病症状及防治措施 …… 13
五、炭疽病的发病症状及防治措施 …… 15
六、穗轴褐枯病的发病症状及防治措施 …… 18
七、褐斑病的发病症状及防治措施 …… 19
八、蔓枯病的发病症状及防治措施 …… 21
九、环纹叶枯病的发病症状及防治措施 …… 24
十、枝干溃疡病的发病症状及防治措施 …… 25

第二章　大棚葡萄非侵染性病害和伤害 …… 27

一、台风危害 …… 29
二、冻害 …… 36
三、湿害 …… 43
四、龙卷风 …… 46
五、雪害 …… 47

六、热伤害 …… 50
七、气灼病（气候异常生理失调综合症）…… 53
八、盐害 …… 55
九、肥害 …… 58
十、缺素 …… 60
十一、药害 …… 70
十二、大棚薄膜质量不达标造成的危害 …… 89
十三、果实成熟期病变 …… 91
十四、花芽分化期的病变 …… 94

参考文献 …… 102

绪　言

一、葡萄不同真菌性病害主要危害部位

葡萄真菌病害大多可侵害和危害多个部位，如叶片、花穗、果实、枝蔓和根系等，造成危害的主要部位一般较为明显。在所有书本上所描述的22种病害中，除了黑痘病和白粉病可同时对葡萄叶片、果穗和枝蔓三个器官造成危害外，其余病害危害的主要部位基本上是明确的。

（1）主要危害葡萄叶片的病害有：霜霉病、黑痘病、褐斑病、白粉病、锈病、环纹叶枯病、斑枯病、煤污病。

（2）主要危害葡萄花穗、果实的病害有：白腐病、炭疽病、黑痘病、白粉病、灰霉病、穗轴褐枯病、房枯病、黑腐病、煤点病、枝干溃疡病。

（3）主要危害葡萄枝蔓的病害有：黑痘病、白粉病、蔓枯病、芽枯病、枝膨病、枝枯病、枝枯菌核病、干枯与黑斑疹病、煤污病、枝干溃疡病。

（4）主要危害葡萄根系的病害有：白纹羽根腐病。

二、葡萄真菌性病害诊断与识别要点

（一）典型症状的识别要点

葡萄真菌病害典型症状的出现大多在发病的中后期。此时应重点关注两种情况：

1. 病状　即葡萄本身得病后所表现出来的异常状态。常见的有：

（1）变色。一般是患病部位组织褪绿，常有变黄、褐、黑、红及其相间的各种变化。

（2）病斑。即受害部位的局部组织坏死，常有大小不等、形状不一的斑点、圆斑、角斑或不规则斑块。

（3）腐烂。即患病组织在病菌作用下表现出组织溃疡、软腐、湿腐和干腐等。

（4）萎蔫。葡萄的根、茎、枝蔓或果穗等的输导组织被病菌严重破坏后所发生的整株或部分器官枯萎。

（5）畸形。受害部位的细胞分裂和生长发生病变致使整株或局部的形态异常。如矮化、矮缩、皱缩、丛枝、卷叶、缩叶等。

2. 病症 病原菌在葡萄受害部位所表现出来的肉眼可见的特征。这是病害诊断的重要依据，常见的有：病菌的菌丝体和子实体，如分生孢子梗、分生孢子器、孢子囊、菌核和孢子等。

（1）絮状物或霉层。在患病处长出的绒毛状物，不同病害的颜色、疏密程度和长短大多都有些差异。如霜霉病、灰霉病、褐斑病、穗轴褐枯病、枝枯菌核病、环纹叶枯病和白纹羽根腐病等。

（2）粉状物。病部表面产生的一层粉末状物，因病害不同，其颜色有明显差异，如白粉病、锈病和煤污病等。

（3）粒状物。病部产生肉眼可见的颗粒状物，其形状、大小、色泽及分布的疏密程度各不相同。如白腐病、炭疽病、房枯病、蔓枯病、黑腐病、斑枯病、灰霉病和枝枯菌核病等。

（二）非典型症状和初期症状的诊断要点

初种葡萄者，在经验不足时，根据非典型症状和初期症状来确定病害种类是较为困难的，一般可采取3种思路或方法初步诊断病害。

1. 坚持观察 当根据症状不能确认病害时，可在自然状态下连续观察病害的发生与发展，当病害遇到合适的环境条件时或病斑发展到中后期时，往往会在病部产生病原物的特征性菌丝体或子实体。

2. 诱使病害快速发展 对不能确认的非典型性病斑和初期病斑是哪种病害时，将其发病部位剪下，保湿培养，促进病害快速发展，一般可在相对较短的时间内诱发出病原物来。

3. 深入调查，综合分析 对于一些非典型症状和初期症状难于确定其病害时，需对周边植株、本葡萄园和邻近葡萄园进行详细、深入的调查，发现、总结、探讨其发生的主要病害种类及其与此症状的联系。同时，根据病害发生时期、天气情况、葡萄品种、危害部位和温湿条件等因素进行综合分析，可能会对病害做出初步判断。

第一章 大棚葡萄侵染性病害主要种类及危害特点

1. 种类 目前浙江台州沿海大棚葡萄以真菌性病害为主，没有发现细菌性病害、病毒性病害、线虫性病害、寄生性种子植物病害。主要种类：幼年期（新种当年以露天为主）的黑痘病、霜霉病；结果期的（大棚栽培第二年开始结果）灰霉病；（新梢生长期至开花前后）坐果后至硬核始期的白腐病、炭疽病、穗轴褐枯病、枝枯病；硬核后期至成熟采果期的白腐病、白粉病、霜霉病；采果后至9月（揭除薄膜以露天为主）的霜霉病、锈病。主要以幼年的黑痘病、结果期（成年）的霜霉病、灰霉病、白腐病为害为主。大棚葡萄特殊的几种病害为：大棚葡萄穗轴褐枯病、大棚葡萄褐斑病、大棚葡萄环纹叶枯病、大棚葡萄蔓枯病、大棚葡萄枝干溃疡病等。

2. 发生原因 真菌由营养体和繁殖体两部分组成。营养体一般为多分枝的丝状体，称为菌丝体，菌丝侵入葡萄细胞内吸收营养，并分泌毒素，从而破坏其生理机能，菌丝发育到一定阶段就会产生繁殖体。繁殖体由孢子和孢子器、孢子盘等繁殖器官组成，孢子随气流、风雨等传播。有性孢子可以越冬，也是翌年病害发生的侵染源。真菌的菌丝、孢子等体积小，肉眼难以看到，侵害蔓延传播隐蔽性强，往往出现症状后才会发现，给病害预防造成难度。

3. 危害特点

（1）越冬形态和场所。病菌菌丝随冬季到来而停止活动或死亡，分生孢子进入休眠而越冬，当春季气温回升，雨水增多，葡萄开始萌芽生长时，越冬的分生孢子、菌丝体或菌核等病原菌也开始萌动，陆续侵入葡萄的枝、叶、花果等部位进行危害。

真菌的越冬场所主要有病果、病叶、病枝蔓以及土壤、各种大棚架体、周围树体、杂草等。白腐病、霜霉病、炭疽病等病原菌能在土壤中越冬，一般消毒方法难于根除。因此，冬季消毒清园不彻底，则会带来一年比一年发病严重。

（2）病害发生和流行的基本要素。病原菌的多少、葡萄品种的抗病性、温湿度等气候环境以及种植管理技术等有关条件。新种的葡萄园或冬季清园消毒工作彻底，则病原菌少，容易防治；葡萄品种的抗病性差异较大，一般欧美杂交种抗病性要强于欧亚种，当地的气候环境条件对病害的流行起到重要的作用，气候因子主要是温度与湿度。南方地区尽管大棚种植相对封闭，但整体环境是高温、高湿，如果棚内湿度不控制好，则利于黑痘病、霜霉病、灰霉病、炭疽病的发生与流行；一般来说，大棚葡萄不易发生白粉病，但在果实膨大后期棚内过分干燥，则利于白粉病的发生；如遇台风暴雨造成伤口，则导致炭疽病、白腐病的暴发，沿海地区葡萄易遭受台风侵害，要特别注意这两个病害的发生，特别是栋与栋之间落水的部位。因此，防治真菌病害是沿海涂地种植葡萄成败的关键技术之一。

葡萄真菌性病害根据其危害时对温湿度的要求，可分为以下5种类型：

①低温高湿型病害。

黑痘病：早春气温在2℃时分生孢子开始发生，遇湿润条件发展迅速，12℃时侵染发病，最适温度24～26℃，高温干旱不利于菌丝的生长，因此，炎热夏季来临时菌丝即开始休眠。

②温凉潮湿型病害。

灰霉病：在气温15～20℃、湿度92%以上时容易发生，高温来临则菌丝生长受抑，故开花期棚内相对干燥既有利于授粉受精，又减轻灰霉病的发生。

③高温高湿型病害。

白腐病：病菌生长最适温度较高，为24～28℃，最适相对湿度在95%以上。23℃以下时，病害扩散缓慢，相对湿度低于92%时，孢子就不能萌发。

炭疽病：炭疽病菌最适生长温度为25～30℃。果实成熟期间如遇台风暴雨会发生此病害。

④高温干燥型病害。

白粉病：最适温度为25～30℃，遇雨孢子被冲刷而减少萌芽，夏季干旱和闷热天气利于菌丝生长，因此，大棚栽培果实膨大后期容易发生。

⑤冷凉高湿型病害。

霜霉病：属冷凉高湿型病害，秋季少风，多雾多露多云多雨天气，有利霜霉病发生，降雨是引起病害流行的主要原因。冷冻、潮湿的气候有利发病，病菌卵孢子萌发的温度范围为13 ~ 33℃，同时要有充足的水分。孢子囊萌发的温度要求为5 ~ 27℃，另外也要有游离水分存在。菌丝生长的温度范围7 ~ 29℃，孢子囊形成的气候条件是相对湿度要95% ~ 100%。病原菌浸染的湿度要求为相对湿度70% ~ 80%以上，在适宜温湿度下，潜伏期4 ~ 7天，但因品种抗性不同而异，抗病品种可长20天。

（3）栽培管理情况。葡萄真菌病害的发生除很大程度上取决天气状况（温度、湿度、降雨等）外，也与葡萄园的管理，施肥种类如是否偏施氮肥，种植密度是否太密，棚面枝蔓分布情况，园内通风透光条件是否适宜，产量是否过高，排水是否良好等人为因素有关。

（4）真菌传播方式与侵染过程。

①传播方式。传播方式有3种：自动传播、自然传播、人为传播。真菌病害主要靠菌丝体、接穗、风雨、昆虫等传播。黑痘病主要通过风雨传播，灰霉病主要靠分生孢子借风雨传播，炭疽病靠苍蝇等昆虫传播。

②侵染过程。根据真菌病原物与植物体从接触到出现症状的过程可分为接触期、侵入期、潜育期和发病期。

接触期：真菌孢子靠风、雨传播到葡萄感病部位才可能侵染，因此，防病的第一个关键就是减少病源。

侵入期：病菌孢子从植株的自然孔口（如气孔、皮孔、蜜腺、伤口等）或直接渗入表皮层侵入。侵入时的温湿度是否有利孢子萌芽、植物体表皮层的状况都影响侵入的程度。因此，减少伤口，降低湿度，通风透光，喷保护性杀菌剂在植物表面形成抗病药膜，都有利于减少病害的侵入，此期应采用触杀式或保护性杀菌剂。

潜育期：病原体侵入后，在葡萄体内的有个扩展过程，潜育期长短受环境条件和植物本身抗病性的影响，黑痘病潜育期为6 ~ 12天，白腐病一般为3 ~ 10天，炭疽病为3 ~ 50天，霜霉病为7 ~ 20天，白粉病为14 ~ 15天。因此，控制温湿度和选择抗病品种是减缓发病和减轻病害的重要手段，潜育期采用内吸式杀菌剂较好。

发病期：病原体在葡萄感病部位不断扩展而表现出肉眼能见的症状，此时治病难度加大，药剂防治效果较差，需要用高浓度频繁的内吸式杀菌剂才能见效。

一、黑痘病的发病症状及防治措施

黑痘病俗称“鸟眼病”，在南方沿海地区发生普遍且危害较重。

发病规律及症状：病菌侵染叶、果梢、须、花序的细嫩部分。温度25℃左右，多雨高湿，叶、果、蔓细嫩，管理不善、地势低洼、排水不良、管理粗放、树势衰弱的果园等情况下，有利于病害发生为害。该病对沿海大棚葡萄的幼年树发生危害，因为一年生苗往往在露天生长、没有结果，它只能危害葡萄的叶片、新梢、叶柄，特别在幼嫩部分受害最重。进入结果期大棚膜覆盖后，黑痘病基本不发生。叶部初期出现针眼大小红褐色至黑褐色的小斑点，周围有淡黄色的晕圈，以后逐渐扩大，形成直径1～4毫米的近圆形或不规则形的病斑，中央呈灰白色，稍凹陷，边缘暗褐色或紫褐色。后期病斑中部叶肉枯干破裂，而叶片出现穿孔。叶脉受害呈多角形病斑，造成叶片皱缩畸形，严重影响光合作用。在病斑上面有微细的小黑点，即是分生孢子盘。新梢、叶柄、穗轴产生暗褐色椭圆略凹陷的病斑，不久病斑中部逐渐变成灰黑色，边缘呈紫黑色或深褐色（彩图1、彩图2、彩图3）。

彩图1　新梢、叶柄黑痘病

防治方法：在前期枝叶少时用保护性药剂；后期枝叶多用内吸性药剂为主；病害加重时保护性药剂与内吸性药剂混用；阴雨天在下雨间隙用药，或结合灰霉病防治时用药均以易保为佳；结合补锌时用安泰生为宜；葡萄长势过旺时用百理通或绿珠都有起到控制作用。

彩图2　果实穗轴黑痘病

彩图3　幼果黑痘病

（1）在秋季落叶后，结合冬剪彻底清除病蔓、病叶主蔓上的枯皮，集中深埋或烧毁。

（2）在冬季落叶后喷1次3～5波美度的石硫合剂，消灭越冬病原菌。

（3）当葡萄梢长到3～5片叶时，每隔10天左右喷1次波尔多液（1：0.5～0.7：200～240），在发病初期施药，用43%好力克悬浮剂3 000～5 000倍液喷雾，间隔10天左右再施一次。或50%多菌灵可湿性粉剂600～800倍液，或75%百菌清可湿性粉剂800～1 000倍液，或65%代森锌可湿性粉剂500～600倍液。内吸性药剂有：40%福星6 000～8 000倍液、12.5%禾粉唑（腈菌唑）2 000倍液、43%好力克3 000～5 000倍液；保护性药剂有：60%百泰1 000倍液、80%大生600～800倍液、70%安泰生(丙森锌)可湿性粉剂600～900倍液、68.75%易保800～1 000倍液、33.5%海正必绿1 000倍液。上述药剂，要交替使用，防止产生抗药性。

二、灰霉病的发病症状及防治措施

由于大棚葡萄棚内温湿度高于露地，因此灰霉病略重于露地葡萄。防治时间重点放在开花前后。

发病症状：花前多在花蕾梗、花冠上发病，呈淡褐色，花后发病多在穗轴部分，初发病果穗上有水浸状淡褐色斑点，很快变暗褐色。发病严重时，整个花穗或一部分花穗腐烂，果农称为“烂花穗”。受害部分以后干枯脱落。成熟期受侵害的果粒，变褐腐烂，潮湿时，并在果皮上产生灰色霉状物，即是分生孢子梗和分生孢子（彩图4、彩图5、彩图6、彩图7）。

彩图4 穗轴灰霉病

防治措施：

（1）防治灰霉病的最佳时期。葡萄灰霉病是大棚葡萄棚膜覆盖后的第一病害，如果清园清得好，树势稳健，则可减轻发病。此病防治的原则是，花前不发病时不防治，见花后8天用灰霉净、施佳乐等农药必须进行防治保护。

（2）综合防治。加强管理，培育强健树势，提高树体自身抗病率。控制氮肥、控制徒长，防止架面与棚内郁闭，及时清理病穗果。棚内在花前实行清耕法或地膜覆盖，控制温、湿度，降低空气湿度和土壤湿度。

（3）药物防治。花前7 ~ 10天及落花落果期是用药的最佳时间。50%速克灵2 000倍液或50%扑海因1 500 ~ 2 500倍液或50%凯泽1 200倍液或40%施佳乐1 300 ~ 1 500倍液，都有很好的防治作用。

用药时要周到细致，最好用机器喷药，每亩园地用水量在250千克左右，水量不足，则防治效果不佳。

对于前期因恶劣天气(低温、缺光等)引起的灰霉病，可用灰霉立克、百腐烟剂等烟雾剂防治，使用烟雾剂最好在傍晚后进行，摆放均匀，按顺序暗火点燃，密闭过夜，次日早晨通风。

彩图5　叶片灰霉病

彩图6　枝干灰霉病

彩图7　果实灰霉病

三、白腐病的发病症状及防治措施

大棚葡萄白腐病属高温、高湿型病害。棚温24 ～ 28℃、相对湿度95%以上易发病，温度23℃以下，相对湿度92%以下不易发病。平棚架比V字形架发病轻，着重在果实着色期和成熟期进行药剂保护。

发病症状：主要为害果实和穗轴。果实上发病，病菌主要从小果梗或穗轴侵入，病斑初期呈水渍状、淡褐色、边缘不明显的斑点，然后病斑扩展并通过果梗穗轴蔓延到整个果粒，受害果粒腐烂，上面着生灰白色的小粒点，最后病果皱缩、干枯成为有明显棱角的僵果。果实前期发病(上浆前)，病果易失水干枯，果实上浆后感病，病果不易干枯，碰撞时极易脱落（彩图8、彩图9）。该病有一种特殊的霉烂味，这是该病最大的特点之一。

彩图8　青提果实白腐病

防治措施：

（1）重视清园和地面杀菌。杀灭土壤中的病原菌。新梢开始生长期至成熟采果期地面铺地膜，隔离土中的病菌，减少侵染机会。及时剪除发病的穗轴、小穗梗和果粒，减少病果落地。并及时拾除落地的病果，减少土壤中病菌。

（2）加强栽培管理。合理修剪，及时绑蔓、摘心、处理副梢和适当疏叶，创造良好的通风透光条件，降低棚内湿度。栽培上要注意改良架形，沿海高湿地块以水平棚架架形为主，将果穗坐果部位提高，减少发病。

（3）合理施肥。生长前期以施氮肥为主，促进枝蔓生长；坐果后以磷、钾为主提高植株的抗病力。

（4）药物防治。坐果后经常检查下部果穗，发现零星病穗时应及时摘除，并立即喷药。发病初期，先用

彩图9　红提果实白腐病

50%保利多（或30%翠泽），幼果期不推荐使用粉剂农药，隔7～10天用保护性药剂连用2次；成熟期前用25%绿珠2 000～2 500倍加保护性药剂，避免采前病害蔓延。用药时重点保护果穗。

其他常用药剂有：80%喷克可湿性粉剂800倍液，50%退菌特800倍液、70%百菌清500～700倍液。50%多菌灵800倍液、50%甲基托布津800倍液、60%百泰1 000倍液、25%阿米西达1 500倍液。

四、霜霉病的发病症状及防治措施

大棚葡萄霜霉病病菌主要以卵孢子在落叶中越冬，气候条件对病害流行影响很大,是冷凉高湿型病害。各品种对霜霉病抗性也不同，一般欧美种强于欧亚种。多雾多雨天气，有利霜霉病发生，发病最适温度18～24℃，相对湿度95%以上孢子才能大量萌发,果园积水，植株过密，棚架过低，枝叶过挤，通风透光不良，发病重。大棚葡萄园往往在果实采收后卸下顶膜后开始发病，如遇上述情况发病严重。

发病症状：主要危害叶片，被害叶片的病斑正面为黄褐色，背面产生一层白色的霉状物，以后病斑干枯变褐色提早脱落。也能侵染嫩梢、花序、幼果等绿色幼嫩组织（彩图10、彩图11、彩图12、彩图13）。花蕾和幼果感病，生有白色霉层。

防治措施：

（1）清洁田园。做好清园工作，杀灭越冬病菌，清扫落叶，修剪病枝，集中烧毁；全园深翻，使表土中病菌埋入土中。

（2）加强管理。多施有机肥和磷钾肥，少施或不施氮素化肥；覆地膜，及时排水，降低棚内湿度；及时修剪，改善园内通风透光条件。

（3）药剂防治。发病前用保护性药剂；发病初期用治疗性药剂，病情重时应与易保混用。波尔多液有较好预防作用。病害初发期可用60%双工氟玛600～700倍液，50%安克1 500～2 000倍液，25%瑞凡1 500倍液，均有较好的效果。

彩图10　幼果霜霉病

彩图11　果实膨大期霜霉病

正　面

背　面

彩图12　叶片霜霉病

彩图13　上年病枝条

五、炭疽病的发病症状及防治措施

炭疽病为高温高湿型病害。炭疽病菌最适生长温度为25 ~ 30℃，大棚葡萄内果实不易发生，一般只在盛果期、雷阵雨、台风雨天气、在果实近成熟期、气温高、落水栋下面发病。

发病症状： 此病主要为害果实，穗轴和果梗也能受害。葡萄在浆果着色后期接近成熟时发病最重。一般在距地面近的果穗尖端先发病，涂地大棚葡萄生长架大都是水平棚结构，所以发病不严重。初期在果面上发生水渍状的褐色小斑点，逐渐扩大，呈圆形深褐色病斑，略凹陷，2 ~ 3天后，产生小黑点，排列成同心轮纹状，即为病菌的分生孢子盘。在多雨潮湿天气，自盘中流出粉红或橙红色的分生孢子团（分生孢子器和分生孢子）。严重时病斑扩展到整个果面，果粒变软腐烂，逐渐失水干缩，变成僵果脱落。果梗、穗轴受害时产生椭圆形凹陷病斑，影响果实成熟。叶面上密生圆形褐色小斑点，严重时连成一片，叶色变黄而脱落(彩图14、彩图15)。

彩图14　巨峰葡萄果实成熟期的炭疽病

防治措施：

(1)结合冬剪，彻底清园。将剪下的枝蔓、穗柄、浆果、卷须及落叶、铁丝上的捆绑物等，全部清除出园，集中烧毁或深埋，喷3 ~ 5波美度的石硫合剂，消灭越冬病原。

(2)生长期内要及时摘心，合理夏剪，适度负载，及时清除剪下的嫩梢和卷须，提高果园的通风透光性，注意中耕排水，尽可能降低园中湿度。科学合理地增施有机肥、钾肥，注意氮磷钾的配比，切忌氮肥过多，还要及时补充土壤中的微量元素，以增强树势提高抵抗能力。

(3)药物防治。在果实着色期，结合其他病虫害的防治，用以下药剂均收到良好的效果。但应交替用药，提高药效。适用药剂：内吸性药剂咪鲜胺类：50%保利多2 500 ～ 3 000倍液、施保克25%乳油（施保功）1 000 ～ 1 500倍液；三唑类药剂：25%绿珠2 000 ～ 2 500倍液。保护性药剂：66%丰利诺2 000倍液、80%大生600 ～ 800倍液等。

正　面

背　面

彩图15　叶片炭疽病

六、穗轴褐枯病的发病症状及防治措施

穗轴褐枯病属半知菌亚门真菌，葡萄生链格孢霉。病菌以分生孢子和菌丝体在母枝芽的鳞片及枝蔓表皮内越冬。翌年条件适宜时萌发侵入寄主组织，花期如遇低温多雨有利于病菌的侵染、蔓延。病菌为害幼嫩的花穗、花蕾或穗轴、幼果。引起花蕾、幼果萎缩、干枯，造成大量落花落果。老龄果园一般较幼龄果园易发病，肥料配比失调者病情加重；地势低洼、通风透光差、环境郁闭时发病重；低温多雨年份，发病严重。一般发生在“落水栋”附近。巨峰是易感品种。

发病症状：葡萄穗轴褐枯病主要发生在葡萄幼穗的穗轴上，幼果果粒也可受害但发病较少，穗轴老化后一般不易发病。发病初期，幼果穗的分枝穗轴上产生褐色的水浸状小斑点，并迅速向四周扩展，使整个分枝穗轴变褐枯死，不久失水干枯，变为黑褐色，有时在病部表面产生黑色霉状物，果穗随之萎缩脱落。发病后期干枯的分枝穗轴往往从分枝处被风吹断，脱落。幼果粒发病，形成圆形的深褐色至黑色小斑点，直径约2毫米，病变仅限果粒表面，随果粒长大，病斑变成疮痂状；当果粒长到中等大小时，病痂脱落，对果实发育无明显影响（彩图16、彩图17、彩图18、彩图19、彩图20）。

彩图16　穗轴褐枯病发生在果穗支轴上

防治措施：

（1）冬季修剪后，彻底清洁田园，把病残枝、果集中烧毁或深埋。

（2）加强栽培管理，增施有机肥，保持树势旺盛，合理修剪、及时引缚枝蔓、抹芽及疏枝，保持果园通风透光，增强树体的耐病力，及时排水，降低湿度，抑制病害。

（3）早春芽萌动后，喷3波美度石硫合剂加200倍液五氯酚钠或40%

福美砷200倍液。发病初期喷50%扑海因可湿性粉剂1 000 ～ 1 200倍液，大生M-45可湿性粉剂600 ～ 800倍液等均有良好的防治效果。

彩图17 穗轴褐枯病发生在果穗基部

彩图18 穗轴褐枯病发生在枝干上

彩图19 穗轴褐枯病发生在整个果穗上

彩图20 穗轴褐枯病发生在整个花穗上

七、褐斑病的发病症状及防治措施

葡萄褐斑病又称褐点病、叶斑病、角斑病等，常造成早期落叶，影响葡萄产量和树势。管理粗放、不注意清园或树势衰弱的大棚葡萄易发病，果园地势低洼、潮湿、通风不良、挂果负荷过大发病重。在发病期间可反复出现再次侵染，果实膨大期进入发病盛期。病害由植株下部叶片逐渐向下蔓延扩展。高温高湿的气候条件是该病发生和流行的主导因素，往往与大棚葡萄炭疽病并发。

发病症状： 褐斑病仅为害叶片，按其病斑大小和病原菌不同而分为大小褐斑病两种（彩图21）。

（1）大褐斑。病斑近圆形，中心有深，浅间隔的褐色环纹，有时外围有黄色的晕圈。棚内潮湿时，于病斑表面及背面散生深褐色霉丛，即病菌的分生孢子梗及分生孢子。发病严重时，数个病连接在一起而成不规则形的大病斑，直径可达20毫米以上，后期病斑组织干枯破裂，导致早期落叶。

彩图21　叶片褐斑病

（2）小褐斑病。病斑褐色近圆形，而且大小一致。一个病叶上可有数个至数十个病斑。后期病斑背面产生深褐色霉状物，即病菌的分生孢子梗和分生孢子。

防治措施：

（1）消灭越冬病原。秋后要及时清扫落叶烧毁，冬剪时，将病叶彻底清除扫净烧毁或深埋。

（2）加强管理。要及时绑蔓、摘心、除副梢和老叶，创造通风透光条件，减少病害发生。增施有机肥和喷施磷酸二氢钾3～4次，提高树体抗病力。

（3）药剂防治。覆膜后，鳞芽松动时结合清园喷3～5波美度的石硫合剂，或生长期结合防治大棚葡萄炭疽病，选择药剂有：70%安泰生可湿性粉剂（丙森锌）400～600倍，70%百菌清·代森锌可湿性粉剂500～600倍或喷50%多菌灵可湿性粉剂800～1 000倍。交替应用，效果均好。70%百菌清·代森锌在青提上应用容易引起药害，应慎用。

八、蔓枯病的发病症状及防治措施

蔓枯病病原为葡萄生小陷孢壳，属子囊菌亚门真菌。本病一般是从苗圃地传入，主要为害蔓或新梢。栽之前用100 ～ 200倍五氯酚钠加3波美度石硫合剂以消灭植株表面的分生孢子器和分生孢子。如条件许可，用硫酸-8-羟基喹啉消毒苗木。

发病症状：大棚葡萄蔓枯病大都发生在一年生红富士砧的维多利亚上，在离地面一米左右的主蔓发生此病害，主蔓上染病，病部以上的枝蔓生长衰弱，叶色变黄，并逐渐萎蔫，或突然萎蔫而死亡。发病初期，病部表皮红褐色，略凹陷，后扩大成黑褐色大斑。没有开裂，病部树皮有点紧，一般不易发现。剥开后在木质部出现此病斑，病部颜色先紫色到黑色再干枯，发病与不发病交界十分明显（彩图22、彩图23、彩图24、彩图25、彩图26）。

正　面

背　面

彩图22　叶片初期危害状

正　面

背　面

彩图22　叶片中期危害状

防治方法：

（1）及时检查枝蔓，发现病部后，轻者用刀刮除病斑，重者剪掉或锯除，伤口用5波美度石硫合剂或45%晶体石硫合剂30%倍液消毒。

（2）加强栽培管理，增施有机肥，疏松或改良土壤，雨后及时排水。及时剪除、烧毁病蔓。在修剪时尽量把病株和死的枝蔓清除。修剪后要清园，收集有病植株残体深埋土中或烧毁。

（3）结合防治葡萄其他病害，在发芽前喷一次3～5波美度石硫合剂。在幼果膨大前期用33.5%海正必绿1 500倍或用三唑类药剂进行药剂防治和保护，对可能受侵染的枝蔓再喷药1～2次。

彩图23　老蔓危害

彩图23　幼嫩新梢危害

彩图23　幼嫩新梢危害

彩图24　密集型病斑

彩图25　二年生枝蔓上的病斑

彩图26　主蔓上的病斑

九、环纹叶枯病的发病症状及防治措施

发病症状：主要为害叶片，病害初发时，叶片上出现黄褐色，圆形小病斑，周边黄色，中央深褐色，病斑逐渐扩大后，同心轮纹较为明显。病斑在叶片中间或边缘均可发生，一般一片叶上同时出现多个病斑。天气干燥时，病斑扩展迅速，多呈灰绿色或灰褐色水浸状大斑，后期病斑中部长出灰色或灰白色霉状物，即病菌的分生孢子梗和分生孢子。病斑相连形成大型斑，严重时3 ～ 4天扩至全叶，致叶片早落。受害严重叶片叶脉边缘可见黑色菌核（彩图27）。

防治方法：发病初期，可结合白腐病和炭疽病等病害防治，也可在枝叶上喷施50%腐霉利可湿性粉剂2 000 ～ 2 500倍液、50%异菌脲可湿性粉剂1000 ～ 1 500倍液、50%凯泽可湿性粉剂1 500倍液等均匀喷施，间隔10 ～ 15天1次，连喷3 ～ 4次，对病害有较好的防治效果。

正　面　　背　面

正　面　　背　面

彩图27　环纹叶枯病叶片

十、枝干溃疡病的发病症状及防治措施

大棚葡萄枝干溃疡病目前在SO4砧木的藤稔、红地球品种上已发现。

发病症状：初始症状通常出现在果实着色期，特别年份在硬核期，危害枝干和果实，首先是在果穗梗上被侵染，高温高湿时发生。发病部位的表面出现针头大小的先红后褐的分泌液。病斑常呈梭形，中心凹陷，边缘隆起，后期树皮脱落，木质部外露。高氮肥使用区，枝叶旺长不健壮，发病严重。SO4砧木比红富士砧发病严重，被感染的果穗有开裂现象（彩图28、彩图29、彩图30）。

彩图28　枝干溃疡病发生在穗轴上

防治方法：

（1）加强检疫。大规模防治应从检疫入手，严禁带病的植株和果品远距离调运，杜绝该病的长距离大范围传播。

（2）清除侵染源。冬季可结合修剪，清除病株，冬季修剪应在落叶后至元月中旬之间进行。

（3）选育抗病品种。目前此病害只在藤稔、红地球上发生，在栽培上应予以注意。

（4）加强管理。增强树势、合理施肥，降低病害的发生程度。

（5）喷药保护。该病害应以预防为主，对已发病的果园，在果实采收前后，分三次喷农用链霉素、DT（琥珀酸铜）琥胶肥酸铜、DTM（琥胶肥酸铜（DT）和乙磷铝杀菌剂的复配剂），冬季结合清园喷布3～5波美度的石硫合剂；在病斑出现症状初期，及时刮去病部组织(稍带周围组织)，而后用10%世高水分散粒剂1 500倍液进行防治。或用戊唑醇类农药（好力克或金库）结合白腐病预防。

彩图29 枝干溃疡病发生在果穗中

彩图30 枝干溃疡病发生在枝条基部中

第二章 大棚葡萄非侵染性病害和伤害

1.概述 大棚葡萄非侵染性病害和伤害也称为非生物因素引起的伤害或失调，是由于不适宜的物理、化学因素引起的生理病变。这里主要指包括真菌、细菌、病毒及类似病毒等生物以外的其他非生物因素引起的一类葡萄病害，其主要特点是无侵染过程和不能相互传染。大棚葡萄非侵染性病害普遍发生，尤其是中老龄大棚葡萄园，据统计，这类病害在整个葡萄病害中占1/3左右，甚至更多，其为害程度有时也非法严重，甚至是毁灭性的，尤其是近年来自然环境的变化，一些不可抗拒的自然灾害的频繁发生、大气环境的污染、农用化学物质的大量使用及其在土壤和水中的积累等等，使得葡萄这种较为敏感的植物随时处于受害的危险之中，有的年份此类病害发生既多且重。在防治上，由于人为可控程度的局限性，有时难于达到较理想的效果。尽管如此，除了一些纯自然灾害外，大多还是人类本身造成的，只要人们充分认识到这类病害发生的基本原理，了解本身的抗逆与补偿作用机制，研究植物病害可持续控制的策略，把握病害控制与环境修复的关键及集成技术等，仍然有可能将这类病害所造成的损失控制到较低程度。

2.大棚葡萄非侵染性病害和伤害的发生原因与规律 本书就有关葡萄的自然伤害、营养失调及药害等经常发生且易造成明显为害的部分内容进行初步调查描述，以便为葡萄生产者在诊断和防治上提供参考。

（1）大棚葡萄的自然环境因素伤害及其防治要点。这是大棚葡萄发生的主要伤害之一，这里提到的葡萄自然伤害包括台风危害、冻害、龙卷风、雪害、热害、盐害、肥害等几种。但严格地说，后3种不属于自然伤害的范畴，因为对这三类伤害，人为的作用因素更大。其他的自然灾害，对于一个葡萄园主来说大多是无法抗拒的，但只要能及时地正确诊断其原因，发生的基本规律，采取相应的防范和补救，还是可以将其为害降低到较小程度。

(2) 大棚葡萄缺素及其防治措施。大棚葡萄缺素症大多发生在中老龄葡萄园中，本书描述的6种主要因缺素所导致的生理失调，即葡萄缺钾、缺镁、缺锌、缺硼、缺铁、缺钙，实际上，既然缺乏某种元素会带来葡萄营养不平衡而导致病害发生，那么过剩也同样会使葡萄营养失调而导致相应的病变。在葡萄缺素问题上，大体可包括两种可能：一是暂时性缺素，即土壤中原本不缺，只是由于大棚环境的变化和农事操作的不当，一时限制了葡萄根系对某种元素有吸收而表现出营养失调状态，另一种是长久性（相对）缺素，即土壤中缺少某种元素且人们在耕作中又未能及时补充，造成葡萄缺素病的发生。在防治上，首先应该区分出这两种不同情况，可采取测土的方法解决。对于前者，不必特殊施用所缺元素，只要调节一下土壤施肥和灌水条件便可逐渐恢复正常状态。对于后者则必须追施所缺元素，必要时结合叶面喷肥才能解决问题。有条件的地区最好实行早期诊断及时控制。

(3) 大棚葡萄药害及其防治要点。葡萄药害是指各类农药（这里包括几种杀菌剂、杀虫剂、生长调节剂和除草剂等）因使用不当所造成的伤害，纯属人为因素。一般来讲，葡萄上常用的杀菌剂、杀虫剂、生长调节剂和除草剂对葡萄是相对安全的，只要掌握好药剂来源、质量和使用说明，避免乱混乱配，通常不会出现太大问题。相反，葡萄对大多除草剂则是相当敏感的，无论是直接喷洒还是通过土壤内吸及远、近距离的药物飘移，有时只要微量便可造成严重伤害，应引起特别注意。在葡萄园最好不使用除草剂。

(4) 大棚葡萄生理失调及其防治要点。这里的大棚葡萄生理失调症主要是指：①由于大棚内的温湿度控制没有随葡萄本身发育规律来控制，忽高忽低。②土壤肥水管理不协调导致葡萄花芽分化不良而出现的花穗小、花穗发白、花穗退化、畸形叶穗、坐果不好等问题。③在果实生长发育中，日夜的温湿度控制、棚内光照强度、叶面积指数都会影响果实的生长发育。如果在发育“快”的状态下，棚内温湿度、光照不满足此时的生长所需，那么果实就会发生气灼病。这些都要种植者随时注意葡萄生长的每个时期棚内的温湿度管理，按照此时葡萄的生长发育规律进行管理，否则就会出现上述各种生理失调病变。具体的按照以下温湿光要求进行管理。

沿海地区大棚葡萄温度控制分3个阶段：第一阶段是萌芽期。从封膜后到萌芽，温度要慢慢上升。封膜后前5天大棚温度控制在15～20℃，以后逐渐上升到28～32℃。当棚温超过30℃时，要及时通风、降温、换气，夜间做好保温。第二阶段是花期前后。这阶段为开花授粉和花芽分化，对温度的要求极为敏感，白天尽量增加日照升温，保持15～28℃，夜间注意做好保温，以利于授粉受精，提高坐果率。第三阶段为葡萄浆果膨大至成熟期，此时已进入4、5月份，自然温度开始回升，棚内外温差逐渐缩小，棚内的温度上升较快，在温控管理上也比较容易，可维持白天28～32℃，夜间15～17℃，白天后期控制以32℃上限，注意通风降温。着色品种尽量选择小气候好的、昼夜温差大的地方建园，成熟期日夜温差在10℃以上，这样利于浆果上色。

大棚葡萄湿度按先高、后低、中间平的原则管理。即萌芽期湿度最高，在90%以上；采收期最低，小于60%；中间开花期、果实膨大期湿度保持中间状态，控制在50%～70%。

一、台风危害

（一）概况

浙江台州是台风频频侵扰的地区，台州沿海涂地更是台风首当其冲的地方，每年7月至8月，影响台州的台风次数多，威力也很强悍。历史上重大台风多出现这个季节。据台州气象记载：新中国成立以来，共有235次台风影响台州，有17次强台风在台州登陆，平均每年有4.1次台风对台州造成不同程度的影响，每三年有一次强台风登陆台州。在登陆的17次强台风中，7～8月份的有13次，占了76.5%，发生在7月中下旬至8月上中旬有10次，占了58.8%。2004年的“云娜”和2005年的“麦莎”就在台州的温岭和玉环登陆。

（二）台风对葡萄的影响

1.直接经济损失（以登陆在温岭和玉环的云娜和麦莎为例） 2004年14号超强台风“云娜”于8月12日在浙江台州温岭登陆，近中心最大风力17

级，过程降雨247.1毫米。台州市葡萄受重灾面积22 650亩*，占全市葡萄总面积的98%，造成经济损失9 907万元。其中果实吹烂9 050亩，叶片吹落11 200亩，植株吹倒、吹斜2 000亩，大棚吹塌9 000多亩，园地受淹10 100亩。

2005年9号强台风“麦莎”于8月6日在玉环县登陆，近中心最大风力14级，过程降雨250毫米。玉环、温岭、路桥葡萄受灾在50%以上。经济损失约5 200万元。其中果实吹烂占总受重灾的90%，叶片吹落100%，植株吹倒、吹斜35%，大棚吹塌20%，园地受淹80%。

2. 对棚架的影响 2004年14号台风“云娜”后调查，毛竹架大棚受灾最严重达75.3%，第二位是混合架大棚受灾为40%，最轻的是钢架大棚，为25.5%。在棚架受损的119.8公顷面积中，由于地锚拉起的105.2公顷,占总面积的87.8%；薄膜没揭开的2公顷，占总面积的1.67%；插销倾斜的2公顷，占总面积的1.67%。

2005年5号台风“麦莎”后调查：毛竹架大棚受灾最严重达70.6%，第二位是混合架大棚受灾为32.8%，最轻的是钢架大棚为11.9%。在棚架受损的134.7公顷面积中，由于地锚拉起的113.5公顷,占总面积的84.3%；薄膜没揭开的3.5公顷，占总面积的2.6%；插销倾斜的3.2公顷，占总面积的2.4%。

3. 对后期及第二年生长结果的影响 台风除直接造成当年减产或绝收、树体受损甚至死亡外，还对葡萄后期乃至第二年的生长结果造成明显的影响。台风过后，树体大量的伤口在接下来的高温高湿的条件下极易发生炭疽病，霜霉病、褐斑病、轮纹病也有加重的趋势。

台风过后，落叶的树体或枝梢会重新萌发新叶，已完成花芽分化的芽体半个月后进入盛花期。会造成葡萄二次开花结果，但花芽质量普遍较差。第二年表现花芽数量少，畸形果比例增多，如不加强管理，则会出现减产（彩图31）。

彩图31 台风吹落、吹破叶片

* 亩为非法定计量单位，1公顷=15亩，下同。

（三）灾后生产补救

（1）挂有果的园块重新覆盖薄膜。

（2）迅速做好果园排水工作。

（3）摘除成熟的果实，剔除未熟果穗中的裂果、烂果。

（4）及时进行防病，尤其是炭疽病的防治工作，结合防病做好根外追肥。

（四）生产对策

1. 园地规划科学化　科学、合理的园地规划可明显减轻台风所造成的风害。除选择较高的地形建园外，防风林和排灌系统的合理建设应作为沿海葡萄园规划设计中的两项重要工作来做。防风林带应与台风袭击方向成45°～90°，主林带之间的距离一般相隔200～400米，为葡萄大棚顶高的30～40倍，林带的宽度要求在10米以上，不能过狭。树种可采用木麻黄、桉树、杨树、女贞等，做到乔木、灌木混交，增加抗风效果（彩图32）。

彩图32　台风使棚架倾斜、拱架变形散落

排灌系统设计除常规的要求外，还需建立与园外河道独立的排水系统，添置机械排水设备。在发生涝害时及时进行机械辅助排水，减少受淹时间。

2. 构建沿海抗台风大棚 生产上采用大棚设施等一系列促早栽培技术，提早果实成熟时间，是直接减少台风危害的措施之一。但构建沿海抗台风大棚是沿海大棚栽培技术中必不可少的关键技术。

从调查中看沿海葡萄抗台风的大棚，以钢架大棚构建为最好。但实际研究发现，该架式遇大小台风袭击，拱杆都有不同程度地受到破坏，比有弹性的毛竹拱杆抗风弱得多。再因钢架大棚构建前期投资大，年成本提高。钢管修复技术难度大，修复成本成倍增长，比较效益下降，因此还是以水泥柱铁束毛竹的混合型大棚为好。建造方法如下：

大棚长度40～70米，连栋棚宽可根据地块宽度（4.8～8.0米）；棚行水泥柱间距3米，棚宽水泥柱间距4.8～8.0米（柱间用两道锚石向下拉以防柱倾斜）。棚高3.5～3.8米，肩高2米。柱长度2.5～3米，埋入土中0.5米，离畦面2米、1.7米处二道用钢丝索把纵横向的立柱牢固地连在一起（彩图33）。

彩图33 建造沿海抗台大棚架的关键部位：直柱：最好用水泥柱，能抗压、抗风。拱架用毛竹，直梁与横梁用铁丝束。

（1）埋地锚。在规划好的地块上，沿东西、南北周边第二行打地锚坑，坑深100厘米。地锚坑打好后埋压地锚，埋地锚时将地锚环扣的环形一端露出地面5～10厘米，以便卸棚后土壤耕作时作为可视标志，另一端系石块或松树桩埋入坑内，踩实压紧（彩图34）。

（2）插立柱。每个棚两边各立1行水泥柱，离地面2.2米。

（3）连横梁。用钢丝索联结每一畦的立柱。两头用铁丝固定。

地锚石块

地锚石块要用卡结扣住

地锚坑

地锚线的二道卡接

斜撑地锚拉线

边棚斜撑

每一直柱东西、南北行都要拉地锚

地锚拉线卡结扣在直柱洞孔对面

彩图34 地 锚

（4）架直梁。立柱顶部分别各架一条直梁。可用直毛竹或小杉木。两头分别固定在立柱和拱片上。

（5）上拱片。用6 ~ 8厘米宽的毛竹片：长度视棚宽度而定；5米宽的棚，拱片长为6.5米；6米宽的棚，拱片长为7.5米。固定在两边立柱和横梁上。拱片两头必需钻洞用铅丝固定，因竹片干后会收缩。

（6）固定压膜带。边棚外侧压膜带直接固定在地桩上。内侧将压膜带固定在横梁上。

（7）覆薄膜。多功能流滴聚乙烯农用膜，以多功能长寿膜为宜，厚度0.05 ~ 0.08毫米，可抗8级台风。

建造大棚架时应注意几个关键部位：拱棚顶安装一个“栋”（就是在棚顶部用毛竹根根相接，南北相连形成一个栋），互相连接各拱杆，使拱杆形成一体；拱杆要超过横梁至少有15厘米；锚石埋地下深度要大于1.2米，选择材料以1.2米长的松树桩最好；台风来临之前全部揭除大棚薄膜，或加固丝网夹棚膜装置；地锚（就是锚石）与地上铁丝交结处用卡结连接。

3. 应用先进技术是沿海大棚葡萄持续稳定地增长的法宝

（1）应用丝网夹棚覆膜技术。是抗击12级以下台风的主要方法。覆膜时先用11.7厘米网目的尼龙网，网线径35股，盖在葡萄大棚的顶棚上，四周用尼龙绳与大棚固定好，然后在尼龙网上覆盖抗老化保温多功能流滴聚乙烯农用膜，并用尼龙绳固定好，最后在农用膜上再覆盖上8.3厘米网目的尼龙网，网线径35股，按大棚覆膜要求，用布条或绑扎绳两边固定好。这样就可不用掀掉薄膜也能经受12级以下台风（彩图35）。

（2）种植早熟品种。在7月底台风来临之前果实全部采收完。

（3）严格控产栽培。这是沿海涂地提早着色，提早成熟，防台避台的主要措施。

小区防风林网格子化(一)

防风林网格子化(二)

防风林网格子化(三)

丝网夹棚覆膜技术（外网一）

丝网夹棚覆膜技术（外网二）

丝网夹棚覆膜技术（内网一）

丝网夹棚覆膜技术（内网二）

彩图35　建造沿海防护林带

二、冻　害

（一）概况

葡萄冻害是北方葡萄产区普遍发生的自然伤害之一，几乎每年都造成不同程度的损失，特殊年份如冬季极端温度过低且时间长或早春晚霜来得突然和明显，葡萄受害则十分严重，损失较大，其发生危害部位主要是根系，其次是枝蔓和芽眼。浙江东南沿海地区的大棚设施葡萄虽然受冻，但受冻概率低、危害部位也不一样，它大部分发生在已萌动的冬芽，新抽发的新蔓以及花穗。近四年来没有遭受强的台风危害，葡萄市场价格坚挺、良好的经济效益使广大葡萄种植户越来越重视葡萄提早上市的各种技术措施，导致早春寒流危害葡萄的机会越来越多。因此从2006年以来，沿海大棚葡萄或多或少都发生过冻害。冻害的部位是芽、幼叶和嫩梢。芽冻害比较严重，芽原基轻微变色，能存活，但长出的叶片很小、畸形、多皱和不规则褪绿斑块。嫩梢受冻后，枝叶萎蔫，轻者可逐渐恢复生长，但生长点易受害，致部分叶片畸形，影响果穗发育，严重者枯死。

（二）发生规律

大棚葡萄冻害一般发生在早春葡萄冬芽萌动后，此时，植株的耐低温能力大大下降，而新发的嫩芽对春季冻害更为敏感。正在膨大的芽若遇冻害，重者芽组织变褐、崩解，轻者枝梢生长缓慢、叶畸形、很少结实。

（三）冻害对葡萄的影响

浙江台州市2009年1月遭到2次寒潮袭击，最低气温降至－4.5℃，已萌芽和新梢生长的葡萄园，遭受不同程度的冻害，受害面积2 000多亩。

2010年3月7～9日，出现了几十年一遇的“倒春寒”状况，对大棚促成的葡萄造成较大的损失。据不完全统计，封膜早的，已经是新梢生长期的园块有80%以上的新芽受冻；封膜迟的，新梢刚抽出的也有30%～50%发生了冻害，尤其是大棚促成栽培的美人指葡萄，由于新梢生长速度快，冻害更加明显（彩图36、彩图37、彩图38、彩图39）。据实地调查，冻害的程度与品种、栽培的方式、盖膜时间、树龄、棚内方位密切相关。冻害最严重的是1月15日单膜覆盖、品种为二年生美人指，95%以上新梢冻枯，其次是三年生夏黑，90%以上新梢花序周围的2～3叶冻死，50%新梢生长点冻死。玉环凡海村及周边村葡萄种植面积达3 000亩，其中受冻害面积达1 000亩，也是美人指冻害最严重，新梢冻死率达40%～100%，维多利亚、藤稔新梢冻死30%，花序上下2～3叶冻枯达80%（生长点正常）。温岭市受冻害面积占20%，单膜覆盖的较双膜覆盖的冻害重，双膜覆盖的靠近北边或风口新梢冻死，中间完好无损。

新梢受冻

梢花严重受冻

长梢受冻、短梢未受冻

新梢轻度受冻

梢花严重受冻

彩图36 冻害

彩图37　花蕾受冻后的花帽开裂

彩图38　叶片受冻（叶芽原基受冻）

彩图39　芽受冻脱落

（四）大棚葡萄受冻的几个因素

1. 气候　续连阴雨天气后突遭冷空气袭击。据椒江区农业林业局李学斌调查：2010年2月26日至3月29日持续下雨，过程降水量共167.1毫米，其中3月2日至8日连续7天无日照，受强冷空气影响，10～11日连续出现0℃以下低温天气，两天极端最低气温分别为－0.7℃和－2℃，并出现冰冻，其中10日有降雪。连续阴雨天气后，大棚葡萄棚内温度降至0℃以下，就极易发生冻害。此次冻害面积达1 500亩，受灾率65.2%。

2. 树势　树势强弱与受冻程度密切相关，树势强的受冻轻，树势弱的受冻重。

3. 新蔓老熟程度　老熟程度高的受冻轻，反之受冻重。

4. 单、双膜覆盖　一般来说大棚葡萄单膜覆盖的受冻比双膜覆盖的重，因为棚内极端最低温度双膜比单膜的高。但如果棚内温控调节不好，则双膜的比单膜的受冻严重，因为单膜覆盖棚内外温差少，枝条也短，受冻轻；而双膜覆盖，棚内外温差大，温度变化剧烈，枝条生长相对的长一些，所以易受冻（彩图40、彩图41）。

彩图40　叶芽受害后表现叶细长、畸形或簇状

彩图41　叶缘受冻（芽未完全冻死所抽出的新叶）

5. 棚架保温性能 在低温期间，棚架牢固，密封性能好的受冻轻，反之受冻重，尤其顶部天沟棚膜交接处通风漏气的更严重。

6. 抽梢期的管理 新梢抽发期，在连续阴雨期间，正常通风换气，及时喷施营养液，新叶转绿快，生长健壮的受冻轻；连续阴雨期间，棚内一直保持高湿生长环境，新梢生长徒长的受冻重。

7. 由于不当的栽培管理 过多的氮元素造成枝蔓生长嫩绿，组织幼嫩。霜霉病和褐斑病危害引起早期落叶，葡萄植株内部贮藏养分少造成树体本身不耐冻。枝条徒长、晚秋后修剪而抽枝、树势较弱、或因上年结果过多，棚膜管理不当、修剪不当而遗留伤口等等都会加重冻害的程度（彩图42、彩图43）。

彩图42 叶片受冻（叶片花斑点是由于前一天打了药后，夜里就受冻）

彩图42 喷药后药水未干夜里遇低温出现的冻害

彩图43 花穗顶部受冻引起的发白

8. 沿海防护林 果园里有完好的防护林冻害就轻。2 010年3月10日的调查，大棚葡萄园北边有一排完好的防护林，在树高的10倍内的棚内葡萄基本没有受冻。

（五）大棚葡萄受冻后的补救措施

1. 对枝条按冻害程度分类进行管理

（1）受害程度重的，新梢花穗都已受冻，但结果母枝未冻伤，当年基本没有产量。抹除受冻新梢花穗，或截去相应的结果母枝，逼迫隐芽和靠近主干的冬芽抽发，或在需要抽枝的部位上进行环割逼迫结果母枝基部或主干上隐芽萌发，培养来年的结果母枝。新长的新梢管理如下：欧美杂交种当新梢长至12叶时留10叶摘心；欧亚种结果母枝培养采用“5 － 4 － 3 － 2 － 1摘心法”即对营养枝长至7～8叶时留5叶摘心，顶端副梢长至5～6叶时留4叶摘心，顶副梢再长至4～5叶果留3叶摘心，以此类推减少至留1叶摘心，其余副梢“留1～2叶绝后”摘心法。缓和树势，促进花芽分化、提高来年结果率。

（2）受害程度中等的，那些抽枝不一致，长的新梢在10厘米以上，有花穗了；短的还刚在萌发甚至还未萌发。受冻程度可分30%～50%和30%以下的两类。30%～50%，当年可以达到基本生产的目标，这一类树采取抹除冻害梢，适当灌水，逼出未萌发芽；30%以下的加强管理基本不受影响。

（3）受害程度轻的，一部分抽出的芽受冻，生产不影响。

新梢4叶以上出现冻害的，留2～3叶摘心培养1～2个副梢培养明年结果母枝。

新梢长至5～10叶，花序周围2～3叶出现冻害，花序、新梢生长点未冻伤的，保留1个花序，利用副梢弥补叶面积不足。

2. 病害控制 葡萄遭受冻害，植株长势将会减弱，有利于一些弱寄生菌引起的病害发生，如葡萄灰霉病和葡萄枝干溃疡病等。2009年灰霉病、葡萄枝干溃疡病害发生严重，田间相对积累的菌量就比较大，因此这些病害就有可能严重发生。需加强栽培管理，增强树势，提高植株抗病性，注意喷药保护。灰霉病的防治适期是花期，药剂可选用40%施佳乐800～1 000倍液，或花前用50%速克灵1 000～1 500倍液进行喷雾；葡萄枝干溃疡病的药剂防治可结合葡萄炭疽病和白腐病等病害的药剂施用兼治。

3. 大棚内温湿度调控 此时的大棚内有芽萌发、新梢生长、花穗伸长等不同生长阶段混杂一起，温湿度比较难控。受害程度重的就按刚萌芽的管理；受害程度中等的偏重花穗管理、兼顾新芽萌发；受害轻的就以花穗管理为主。

4. 根外追肥，补充树体营养 为促进树势的恢复，对受冻大棚葡萄，结合病害防治，用0.136%碧护（天然赤霉素、吲哚乙酸、芸苔素内酯）10 000 ~ 15 000倍液加微补果力800倍液树冠喷施叶面。

5. 开沟排水，降低地下水位，使棚内保持适当干燥状态，以促进树势恢复和提高树体的抗性。及时清沟排水促进早发根早生根。保持土壤的通透性，防止积水烂根，对葡萄根系生长不好的田块应施用爱多收和其他促根液，使其植株能够健康生长。

6. 3、4月份天气反复多变，要及时做好棚内温湿度调控和新梢管理等工作，以提高新梢的抗冻能力。在冷空气袭击前，要做好大棚的通风换气，检查大棚的牢固度和保温性，尤其顶部棚膜要完整密封，同时根据气象预报，如遭遇0℃以下的低温，夜间要做好棚内灯光和木炭加温等工作，以减轻冻害发生。

7. 其他管理 对冻害后挂果少或没产量的葡萄树控制氮肥施用量，新梢过旺时施用矮壮素或其他植物生长调节剂控制生长。对叶片不足的葡萄树结果枝，结合防病治虫配施叶面肥，增强光合能力。覆盖白色地膜提高土温，用翠康促根液。促发根系。

（六）生产对策

（1）选择开阔地建园，避免在低洼地、风口处建园，防止冷空气积聚，形成霜冻。并建立防护林体系，减少蒸发量。

（2）选用嫁接壮苗，提高树体本身的抗性。

（3）提高大棚构建质量，要求通风透光、棚膜能密闭，增加有效光合量，促进枝芽成熟。

（4）合理的栽培技术。适时封膜，避开最冷日期。四周围双层裙膜，提高棚温；地膜覆盖，提高地温；控制湿度。选择天达2 116植物细胞膜稳态剂或用卢博士有机液肥，在生长期隔2周喷布一次，特别是在阴天，隔3 ~ 4天喷布一次，可促进光合作用。重视有机杂肥的施入，防止由于缺乏各种营养元素或元素之间的不平衡而产生叶片黄化、脱落。防止以下几种病虫害的发生而引起的早期落叶。霜霉病和褐斑病是引起早期落叶的最大因素。叶蝉、白粉虱、螨类也主要为害葡萄叶片，因此要做好防治。改善修剪方法：二倍体品种的葡萄，不能一律实行强修剪。对树势过强或树势比较弱的，要分别管理。要防止采果后的枝条徒长。沿海大棚葡萄在采后即揭除顶上薄膜，施采后肥，这时的枝蔓会迅速生长，如果不重视控制，枝蔓就易出现徒长现象，造成枝蔓营养不良，易受冻害。所以要以摘心、调整生长方向、扭梢、施用叶面肥、重视施磷钾肥等方法来抑制枝条的徒长，同时每隔5 ～ 7天喷布3 ～ 5次的叶面肥，促进新梢老熟。实行控产栽培、合理施肥和调节土壤水分。

（5）暂时的避灾法。①熏烟法：听气象预报，在冻害来临之前用笼糠或锯木粉，每亩放5处熏两小时能提高2℃ ；②加热法：有条件的棚内安装加温炉、电热丝或备好炭料，遇低温时加温；③园内灌水法：冻害来临之前园内灌水，可以减轻冻害。

三、湿　害

（一）概况

春季低温阴雨、棚内温度不足10℃时，棚内湿度大，如果忽略通风换气，就容易引起芽、枝条、花穗都被水蒸气包围，水蒸气或水蒸气凝结成的水珠滴落在顶芽、花穗、叶片上，造成真菌的侵入引起烂芽、烂花穗、烂叶（彩图44、彩图45、彩图46、彩图47）。这就是沿海大棚葡萄湿害。此病害随着大棚覆膜的提早，只要遇到5天以上的低温阴雨，就会出现此症状，局部葡萄园区还较严重。常常伴随冻害而来。2010年台州沿海大棚葡萄就有90%以上的农户发生此病害，危害之广可想而知。局部葡萄园区因此而减产绝产，严重影响沿海大棚葡萄的效益和可持续发展。

（二）症状

芽生长点枯黄、萎蔫，手一动鳞芽脱落，花穗顶部腐烂、叶片局部腐烂。

彩图44 烂 芽

彩图45 烂花穗

嫩 叶

幼 叶

老 叶

彩图46 烂 叶

（三）补救措施

（1）在早上6～7时之间打开裙膜降低湿度，时间20分钟左右，再关膜。

（2）地膜覆盖。对降低棚内湿度作用很大、也能起到根本性的防治葡萄湿害。

彩图47　烂　枝

（3）树体喷20％可湿性粉剂井冈霉素2 000倍液+甲基托布津70％可湿性粉剂800～1 000倍液或20％可湿性粉剂井冈霉素2 000倍液+70％安泰生可湿性粉剂700～900倍液喷雾。安泰生含锌量为15.8％，而且，安泰生提供的有机锌极易被作物通过叶面吸收和利用，能促进光合作用，促进愈伤组织形成。提高作物的抗旱、抗病与抗寒能力。增强作物抗病毒病的能力，具有极好的安全性。

（四）生产对策

（1）选择较高的地形建园，而且土地要平整。

（2）葡萄种植行整理成龟背形，使水流顺势而下。畦两边各留一条操作行，防止工人过多的操作使葡萄园区不平整而局部积水。

（3）高畦深沟。是沿海地区种葡萄优质高效栽培的关键措施之一。

（4）严格按照大棚葡萄生长要求进行棚内湿度管理。萌芽前后至花序伸出前，湿度可适当大些，棚室相对空气湿度可达80％～90％；花序伸出后控制在70％左右；花期适度干燥，有利于花药开裂和花粉散出，可维持湿度50％～60％，但过分干燥则影响坐果；其他时期空气相对湿度控制在60％左右。

（5）萌芽后进行地膜覆盖，降低棚内湿度。

四、龙卷风

（一）概况

伴随着冷空气和台风，浙江东部沿海局部地区会发生龙卷风。据气象人员介绍：龙卷风一般分两种，一种叫超级单体，比较常见，对大棚葡萄的危害常常伴随着台风的侵入，引起一边倒的大棚危害。另一种叫非超级单体，有时气象台难以预报。2010年3月9日，温岭一家葡萄园被龙卷风肆虐（彩图48）。这是由于地面冷锋过境，加之白天地面温度较高，地表受热不均匀，引起空气上下强烈对流，在局地产生龙卷风，这叫冷核龙卷风，是超级单体，它就是局部危害的，哪怕仅相隔30厘米的竹棚架也不受影响。

彩图48　龙卷风后葡萄园

（二）症状

大棚用的直柱（4厘米×4厘米的三角钢）折弯，甚至刮断，塑料棚膜千疮百孔，一只角上埋在地下60厘米的地锚连桩拔起，且被甩出去，边上的葡萄植株连根拔起。整个棚架呈环带状倒伏。

（三）防范措施

（1）龙卷风在台州不常发生，即使有也是局部的，但危害程度比较严重。所以在建立葡萄园时要考虑建造防风林网，可以隔断空气的强烈对流运动，从而阻止或减轻龙卷风的危害。

（2）棚架四周的地锚要埋得深，如果用松树桩则要用1米以上，如果用水泥填块，则要用50厘米×50厘米的，都要埋入地下1米以下。

五、雪 害

（一）概况

浙江东部沿海涂地的大棚葡萄偶尔会碰到降雪现象，但在大棚架面上很少有积压，所以一般来说不会造成大棚葡萄的灾害。据气象资料统计：从1961年以来，12月份下大雪的（积雪大于5厘米）在1983年出现一次；1月份下大雪的（积雪大于5厘米）有5次。2010年12月15日至16日凌晨下大雪，积雪程度普遍达到7厘米以上。其中最厚的达13厘米，这就会对早期已经覆膜的大棚葡萄造成直接经济损失。因此，为了确保大棚葡萄优质高效，在大棚葡萄管理中仍然要十分重视防御措施。

（二）对大棚葡萄的影响

2010年12月15日至16日凌晨的大雪，给温岭市109亩已经覆盖薄膜的大棚葡萄造成较大损失。23亩的简易钢架大棚中50%是由于4厘米×4厘米的三角钢直柱承受不了雪压而断裂倒塌（彩图49）；40%是由于5厘米×5厘米的三角钢横梁承受不了雪压而弯腰；10%是由于4厘米×4厘米的三角钢直柱由于地基不牢固直插地下。80亩的混合形大棚是由于毛竹拱杆年久不堪受压而断裂引起棚架倒伏。其余6亩的混合形大棚架拱棚受损，是由于每棚2～3根的毛竹拱杆断裂，其他受压弯腰，等雪融后没有

直柱压弯

横梁压弯

4厘米×4厘米的三角铁直柱被压断

彩图49 直柱压弯

负压，毛竹会弹回到原位置，对整个棚架不会造成影响，只要对断裂的毛竹进行绑缚就可（彩图50、彩图51、彩图52、彩图53、彩图54、彩图55、彩图56）。

彩图50　覆膜的大棚倒伏与没覆膜的完好的大棚

（三）预防措施

（1）建造抗雪灾的大棚，从此次调查的情况看，沿海大棚葡萄大棚结构还是以混合架（水泥柱铁丝束毛竹）为好。一是水泥柱直柱不仅抗风而且抗压。二是毛竹拱杆有弹性而抗压。

（2）沿海建造大棚葡萄园应配套防护林设施。减少风速，降低受害程度。2010年的雪灾调查，96亩同样已经覆膜的混合形葡萄大棚，其中16亩葡萄园块，因周边防护林完好，棚架没有受到雪灾危害；其余80亩

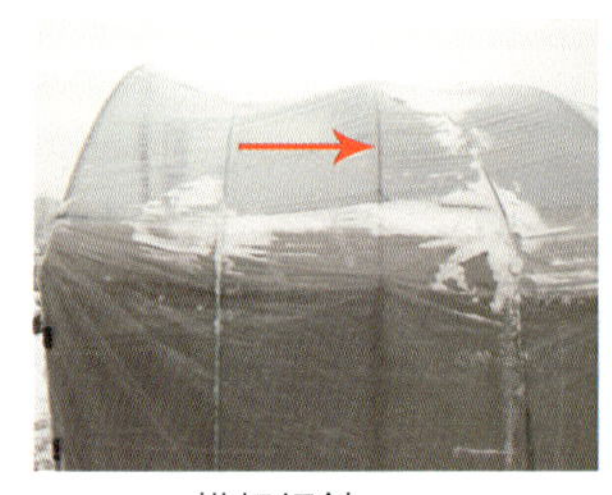

拱杆倾斜

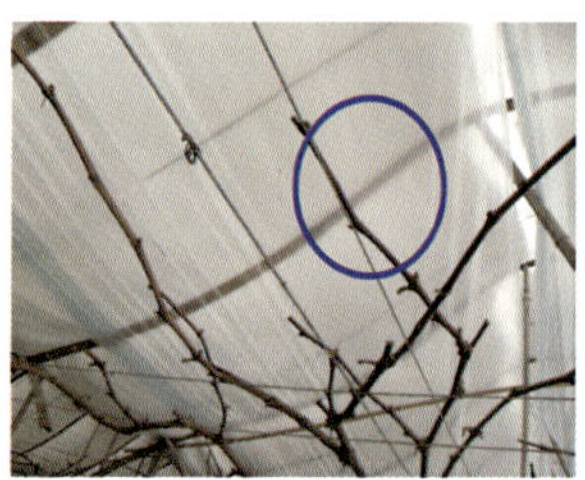

毛竹拱杆压弯

拱杆压弯

拱杆压弯和压断

彩图51　拱杆倾斜

因没有防护林保护，棚架在一定程度上加重了危害。

（3）及时预防，注意收听气象预报，关注降雪情况，做好清雪准备。整理紧固拉膜线、拉紧四周薄膜并互相绑缚。及时清理大棚积雪，既减轻塑料薄膜压力，又有利于棚内增温透光。

彩图52　没有盖膜的大棚完好无损

彩图53　盖膜的大棚全被压垮

彩图54　棚之间的雪厚达13厘米

彩图55　水泥直柱的覆膜大棚没被压垮

彩图56　葡萄钢架大棚受雪灾倒伏

六、热伤害

（一）概况

葡萄热伤害也叫热害。北方干旱少雨常发生热伤害已不足为怪，但浙东沿海的大棚葡萄也常发生热害。这是因为棚内通风不好或不及时开棚膜的缘故。主要伤害种类有：早春新梢生长期的显性热害：长期阴雨后突遇高温，组织细嫩、尚未适应高温，而受到热伤害；瞎眼：封膜增温期棚温超过40℃的时间较长，枝蔓受热害；花芽严重退化：封膜至萌芽棚温失调，升至40℃以上，新梢生长期棚温失管，高温烧掉花序和叶片。夏季的日灼：植株结果过多，树势衰弱，叶幕层发育不良，会发生日灼；棚架外围果穗、向阳面果实会发生日灼，夏季新梢摘心过早，副梢处理不当，枝叶修剪过度，果蒂不能得到适当遮阴，会发生日灼病。发病程度与气候条件、架式、树势强弱、果穗着生方位及结果量、果园田间管理情况等因素密切相关。

（二）症状

葡萄易受热伤害的部位主要是幼嫩多汁的部分如新梢顶部、嫩叶、卷须和果实等，严重情况下未木质化的枝蔓及中龄叶片也可受害。幼嫩组织受害后，最初表现出水浸状坏死，之后萎蔫、焦枯。未木质化的新梢遇到高温后不久就会发生褐变和枯萎，随后髓部变褐、分隔、干枯，被害的幼果最初表现在果实表面出现失绿、豆粒大小的病斑，受害部位微凹陷，逐渐扩大呈圆形，最后变成褐色凹陷的病斑（彩图57、彩图58、彩图59、彩图60、彩图61、彩图62、彩图63）。

彩图57 热害葡萄“瞎眼”

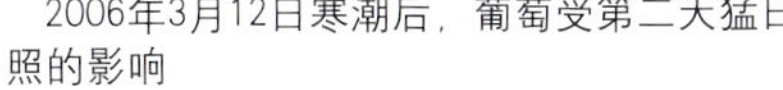

2006年3月12日寒潮后，葡萄受第二天猛日照的影响

2009年3月10日的寒潮后，葡萄受第二天猛日照的影响

彩图58　高温烧掉的新蔓

彩图59　烧掉的葡萄老叶片

彩图60　大棚葡萄大面积热灼

彩图61　早春嫩梢抽发期低温阴雨后一遇晴天高温细嫩部位易出现热害

彩图62 叶片热害

彩图63 灼伤的果实

（三）发生规律

葡萄热伤害往往是在天气突然变热和光照较强、直射的情况下发生，接近地面、架材的叶片和枝蔓因局部高温辐射受到伤害；在大棚内接近薄膜的枝叶也易受到热伤害；另一种情况在遇长期阴雨后突遇高温，组织细嫩、尚未适应高温，而受到热伤害。

遭害后抢救：要适当补充营养，若是灌根可用翠康促根液500克/亩对水冲施，如果叶面喷施，可用百泰1 200倍液+碧护15 000倍液喷雾。

（四）生产预防对策

（1）科学管理枝蔓，搞好疏花疏果，合理负载。在摘心、整枝时应按科学的叶面积指数、留足功能叶片，这样可缓解高温造成的热伤害。就是每一个层面有两张上下交叠的功能叶片。具体操作：在果穗附近适当多留些叶片，及时转动果穗于遮阴处。在无果穗部位，适当去掉一些叶片，适时摘心、减少幼叶数量，避免叶片过多，与果实争夺水分。

（2）棚顶膜与生长架之间距离应大于130厘米，一是易于通风透光，二是枝叶远离棚膜和棚架材。

（3）及时通风。当棚内温度超过28℃以上时应及时通风降温。

（4）合理施肥灌水，增施有机肥，合理搭配氮、磷、钾和微量元素肥料。生长季节结合喷药补施钾、钙肥。葡萄浆果期遇到高温干旱天气及时灌水，降低园内温度，减轻日灼病发生。

（5）每一葡萄种植行留条操作道，避免操作时乱踏，保持土壤良好的透气性，保证根系正常生长发育。

（6）幼果期喷钙肥或喷30倍液草木灰稀释液，可明显提高果实中钙的含量，增加幼果内细胞壁的厚度和强度，有效抵御或缓解日灼病发生危害程度。

阴雨过后的高温天气，在叶面和果穗上喷布0.2%磷酸二氢钾或27%高脂膜乳剂80～100倍2～3次，对日灼有一定的预防作用。

七、气灼病（气候异常生理失调综合症）

（一）概况

大棚栽培条件下，葡萄果实发育的纵径、横径、体积、鲜重的发育动态均呈“慢—快—慢—快—慢”的曲线状态。在果实生长发育中，日夜的温湿度控制、棚内光照强度、叶面积指数都会影响果实的生长发育。如果在发育“快”的状态下，棚内温湿度、光照不能满足此时的生长所需，那么果实就会发生气灼病。它是在特殊气候、栽培管理条件下表现的生理性病害，属于“生理性水分失调症”。

（二）发生规律

气灼病一般发生在幼果期，从落花后45天左右，至转色前均可发生，但在幼果期至封穗期发生最为严重。首先表现为失水、凹陷、浅褐色小斑点，并迅速扩大为大面积病斑，整个过程基本上在2小时内完成。从病斑横切面看，病斑表皮以下有些像海绵组织。病斑面积一般占果粒面积的5%～30%，严重时，一个果实上会有2～5个病斑，从而导致整个果粒干枯。病斑开始为浅黄褐色，而后颜色略变深并逐渐形成干疤（病斑多的果实，可致整个果粒干枯形成“干果”）。病斑的分布具有一定随意性，一般在果粒的侧面，近果梗处和底部也有发生。

（三）影响该病发生的主要因素

在棚内土壤湿度大而忽遇高温时，果实有水珠的部分，易出现气灼病，或叫气候异常生理失调综合症。诱发该病害发生的主要因素是葡萄棚内温度过高，水分供应失调。从发病时间来看，此时葡萄正处于果实膨大期，果皮和果肉细胞生长相当迅速，十分幼嫩，对不良环境的抵抗力极弱，当遇到气温突然升高就会发病。任何影响葡萄水分吸收、加大水分的流失和蒸发的气候条件、田间操作，都会引起或加重气灼病的发生。连续阴雨，土壤含水量连续处于饱和状态，天气转晴后的高温，易发生气灼病。地上部分和地下部分不协调，地上部分发达，相对应的地下根系不好，容易发生气灼病。不同品种的差异：根系不发达的品种、果皮薄、果皮表面粗糙、果皮保水性差的品种，容易产生气灼病。膨大后期进行疏果也会导致气灼病的发生。中午浇水，会造成根系温度降低，影响水分吸收，引起或加重气灼病的发生。土壤通透性差（土壤黏重、长期被水浸泡），土壤持水量小、干旱，土壤有机质含量低，会引起或加重气灼病的发生。

（四）症状

气灼病以危害幼果为主，一般靠近地面的果穗容易受害。被害果粒不仅仅局限在果穗的向阳面，而是在果穗上的任何部位都有发生，被害果实前中期发病部位的果皮呈浅褐色，形状圆形或椭圆形，大小不等，边缘整齐，果皮下的果肉出现褐色坏死状，并且干缩、凹陷，后期病果局部或整个干缩，呈黑褐色（彩图64）。

（五）生产预防对策

（1）首先要培养健壮、发达的根系。具体措施有：增施有机肥、提高土壤通透性、能促使根系功能的正常发挥。避免长期水分浸泡，及时中耕、松土等，土壤通透性好，有利于根系呼吸，根系的功能正常，避免或减少气灼病。

（2）保证水分供应，特别是整个果实膨大期间不能缺水，包括土壤中的水分供应、水分在葡萄体内的传导两个方面。避免中午浇水，或地表覆盖薄膜，有利于土壤水分的保持，减少或避免气灼病。

彩图64　气灼病的病果

（3）重视花前花后病虫害的防治。着重花序和果穗的病害防治。主蔓、枝条、穗轴、果柄出现问题或病害，会影响水分的传导，引起或加重气灼病的发生。尤其是穗轴、果柄的病害，如霜霉、灰霉、白粉等病害，均影响水分传导。

（4）保持地上和地下部分的协调。如果根系弱，要减少地上部分的枝、叶、果的量，地上部分和地下部分的协调一致，会减少和避免气灼病。

八、盐　　害

（一）概况

浙东沿海大棚葡萄盐害发生面不广，但危害严重。一般经过脱盐、淡化（含盐量在0.2%以下）的涂地种植大棚葡萄大多数表现很好，但在较强的碱性土壤（pH为8.3 ～ 8.7）上栽培，就会开始出现黄叶病。在果树中，葡萄是属于较抗盐的品种。但土壤中盐分浓度过高，高温期频繁灌溉而水分蒸发后盐分积累和施肥不当等引起的葡萄盐害还是时有发生，而且发生较为严重，甚至对果园造成毁灭性损失。

（二）症状

葡萄盐害症状各种各样，因不同盐类、不同浓度和不同葡萄品种的耐盐程度不同而异。归纳起来，主要的症状表现有：梢长50 ～ 60厘米从新梢基叶边缘红点斑状开始，呈黄褐色烧伤状坏死斑点或斑块，接着向中央蔓延，斑点逐渐扩大，最后叶片萎蔫脱落。根系逐渐变褐、坏死，进而导致地上部植株叶片黄化、褪绿、新梢枯萎或生长不良，发至全叶，此时叶片向上拱起成手掌状。病症逐渐向枝蔓上部发展，顶上三片叶永远是好的。在空气潮湿的情况下，这些枯死的组织和器官易被病原菌或一些腐生微生物感染而导致腐败或腐烂（彩图65、彩图66、彩图67）。

彩图65　盐害前期

彩图66　盐害中期

彩图67　盐害后期

（三）病因

葡萄盐害的发生是由于土壤中盐分过多而引起的一种生理病害。土壤中盐分过多，会使土壤溶液的浓度增高，造成葡萄根系吸水困难，甚至会使根系细胞的水分外渗，抑制植株的生长。据测定，当土壤盐分超过0.4%时，葡萄即会出现受害现象。土壤中当某种离子的含量过剩，就形成离子不平衡的土壤溶液，此时对葡萄会产生单盐毒害。会使叶绿体内蛋白质的合成受到破坏，使叶绿体与蛋白质的结合削弱，导致叶片失绿。

（四）发生规律

葡萄盐害的发生多数是因为土壤中盐类物质积累过大，超越了葡萄所能够忍耐的程度，如单盐素害和复合毒害等。另一种情况是施肥不当如化肥施用时接触根系或根系太近，施用时浓度过大，使根系周围土壤溶液浓度增高，有时施用未腐熟的农家肥，在发酵过程中产生有害物质等均可造成根系灼伤、腐烂。在高温季节进行叶面施肥或喷灌盐分偏高的水也易引起外源盐分的伤害，在蒸发高峰期若用含盐量超过3毫摩尔的水进行喷灌将十分危险，复合叶面肥品种选择不当、浓度过大、杂质较多或与农药随意混合，易引起毒害。不同葡萄品种对盐的敏感程度差异明显。

发病规律：从大棚中心开始，逐步向周围蔓延。

（五）预防对策

浙江省沿海涂地种植葡萄之前就有种植柑橘的历史，并有防治盐害黄化的经验。葡萄大棚栽培进行20多年的探讨，总结出以下防治盐害的有效措施：

(1) 在盐碱地区建园前，首先要开深沟排碱，降低地下水位。

(2) 选择健壮苗木，定植时挖深穴，多施有机肥，这样可改良土壤的物理性质，同时还可提高土壤肥力，而且有机肥在分解时，还会产生各种有机酸，中和土壤的碱性。

(3) 科学灌水。提倡微、滴灌等节水灌溉。夏季采摘前后及时少量进行地面保湿，防止土壤水分过量蒸发时将地下盐碱带至地面。

(4) 注意灌溉水质，不可用含盐碱量高的水。

(5) 盐碱地葡萄有效生长期短，后期加强摘心，可抑制生长，促进枝条成熟。

(6) 科学施肥。施用化肥时应尽量水施。也就是滴管施肥，避免肥料与根系直接接触。保持一年施一次经过充分腐熟的或无害化处理的农家肥；叶面施肥时应避开葡萄蒸发作用高峰期，防止随意与农药混用，应严格按说明书操作，避免在烈日下喷洒。

(7) 葡萄一采摘结束，立马揭除棚顶膜，防止高温蒸发返盐。

九、肥　害

（一）概况

大棚葡萄肥害一般是由以下几种原因造成：叶面喷肥产生的肥害，是由于肥料浓度大，或肥料与农药混配不合理以及喷药时浓度过大造成的。土壤追肥造成的肥害，是由于施肥量过大，或施肥沟离根过近，或肥料质量不合格，以及有机肥未经发酵就施入造成的。由于根系生长的向肥性，诱导大量新根扎入肥堆灼伤致死，轻者个别枝条叶片萎蔫，生理功能紊乱；重者全树枝叶枯萎，3～5天内死亡。同时肥液沿导管上升过程中，也会使枝干细胞脱水死亡。

（二）症状

大棚葡萄肥害主要表现在葡萄植株的叶面上，有时也表现在葡萄植株的新梢上和根系上。叶面喷肥引起肥害时，在叶面上产生火烧状紫褐色的坏死斑块，在果实上出现黑褐色坏死斑点，使病果发育受阻，并易受病虫危害而致腐烂。土壤追肥引起肥害时，地下根系烧伤坏死并变褐腐烂，表现根系溜皮。树上新梢生长不良，幼叶失绿呈浅黄色，严重时叶缘出现坏死斑块，最终整个叶片甚至新梢枯焦死亡、果穗萎靡枯死（彩图68、彩图69）。

彩图68　肥害根系发生溜皮

彩图69　叶片黄化和干枯

（三）补救措施

土壤施肥一旦发生肥害，尽快挖出多余的肥料，并灌水冲洗，然后进行中耕松土或深翻，以改善根系环境。

（四）生产预防对策

坚持科学施肥。叶面喷肥要掌握好喷肥浓度，不要随意增大浓度，不同种类的肥料或农药使用时要注意能否混合使用。喷施不要在中午高温时进行。土壤施肥要注意肥料的种类和使用的量，每次追肥坚持水施，不能干施。每亩施肥量控制在10 ～ 20千克。尽量避免与根系直接接触，有机肥要充分腐熟后远离根系施用。

十、缺　　素

葡萄是多年生植物，每年需要吸收大量的营养元素，满足其生长、结果的需要。其中需要量较多的有碳、氢、氧、氮、磷、钾、钙、镁、硫、铁等，称为大量元素；需要量较少的有硼、锰、锌、铜等，称为微量元素。碳、氢、氧来源于空气中的二氧化碳和水，其余元素取之于土壤和肥料中。沿海涂地大棚葡萄一般都会正常的生长发育，只有在强碱性土壤，有机质缺乏的情况下会缺乏磷、钾、钙、镁、锌、硼。这些元素中对大棚葡萄产量、品质造成影响的有硼、钙、镁、锌、钾。缺硼会造成开花不好、果实发育不良；缺钙造成果实硬度不足、变软、易掉粒、裂果；缺锌会造成果实大小不一，果穗不齐整、优质果率低；缺镁造成果实着色差、果实干瘪；缺钾则造成果实糖量低、果实小、产量低。

（一）缺硼症

硼元素在葡萄生长中以硼酸盐形式被植株吸收，功能是促进新细胞分化。缺少硼时细胞虽可继续分化，但内部构造不能适应或不能完全地形成。硼也有调整植物碳水化合物的代谢作用。如硼不足，则限制花粉的萌发和花粉管正常的生长，降低坐果率，硼不能从植株的老叶移动到幼叶，因此，症状最早出现在幼嫩组织。沿海涂地土壤pH高达7.5 ～ 8.5容易发生缺硼症；开花前后土壤间歇性干旱，早春寒潮冷湿气候、土壤含氮和钙过多，易发生缺硼症。此外，由于施肥方法不当造成浅根系，阻碍根系吸收功能，也容易发生缺硼症。具体指标：葡萄花期叶柄分析：<25毫克/千克是缺硼，>70 ～ 100毫克/千克是硼过高和过量；葡萄转色期叶柄的分析：<15毫克/千克是缺硼，>200毫克/千克是硼过量和过高；果实成熟期叶柄的营养分析：<15毫克/千克，是缺硼状态。

1. 症状　叶、花、果实都会出现一定的症状。首先新梢顶端的幼叶出现淡黄色小斑点，随后连成一片，使叶脉间的组织变黄色，最后变褐色枯死（彩图70）。轻度缺硼的植株开花时花序大小和形状与正常植株无异；缺硼严重的，花序小，花蕾数少，开花时，花冠只有1 ～ 2片从基部开裂，向上弯曲，其他部分仍附在花萼上包住雄蕊。缺硼更严重时，花冠不裂开，而变成赤褐色．留在花蕾上，最后脱落，其花粉的发芽率显著低于健康植株，因而影响受精，引起落花。植株缺硼时，落花后约经一周，子房脱落多，坐果差、使果穗稀疏；有的子房不脱落，成为不受精的无核小果粒。若在果粒增大期缺硼，果肉内部分裂组织枯死变褐；硬核期缺硼，果实周围维管束和果皮外壁枯死变褐，成为“石葡萄”（彩图71、彩图72）。

彩图70　缺硼叶片

彩图71　缺硼果实

彩图72　缺硼之后的大小果

2. 预防及矫治方法

（1）改良土壤。沿海地区种植葡萄必须深沟高畦，每年9～10月份要求开深沟施基肥，深耕土壤，缺硼严重的葡萄园块，同时每亩施1.5～2千克硼酸或硼砂。

（2）平衡施肥。控制氮肥的施用量，避免氮素过多造成的缺硼症。

（3）生长期喷0.2%的硼砂溶液。开花前2～3周对叶面喷0.1%～0.2%的硼砂，可减少落花落果，提高坐果率。如微补花力、微补硼力、翠康金硼液等含硼酸盐形式的叶面肥均可喷。

（4）严重缺乏的葡萄园块还可在葡萄生长前期，对根部施硼砂。一般距树干30厘米处开浅沟，每株施30克左右，施后及时灌水。或者在葡萄施冬肥时添加持力硼颗粒剂（缓释硼）300 ~ 500克/亩洒施，施后耙土（覆土），避免与作物根系直按接触，或在葡萄开花前后用速乐硼可溶性粉剂1 000倍液叶面喷雾2 ~ 3次。

（5）开花前后严格控制棚内温度，不能忽高忽低，花期要保持连续5天的15℃以上的温度，土壤保持湿润，防止间歇性干旱。

（二）缺钙症

钙是葡萄体内重要的基本元素之一，在一系列的生理变化过程中起着重要作用。许多生理病害是缺钙引起的，然而土壤和枝干中含钙量并不低，这说明并不是单纯的缺钙，而是由于钙吸收生理失调或发生障碍，使钙的正常吸收、运转、分布和累积受阻所引起。土壤中过多的氮肥会抑制钙的吸收，但硝态氮可促进钙的吸收及其在叶片中的贮藏，所以秋、冬施硝酸盐肥料能促进钙素营养在枝条中的积累。钾对钙有拮抗作用，过多的钾会抑制钙的吸收，叶片中钙含量与钾含量呈负相关。适量的镁可促进钙的吸收，但过量的镁则会替代钙，使钙下降。硼对钙的吸收和运输有很大的促进作用。沿海地区大棚葡萄栽培中，果实转色期间棚内湿度过低，会加剧缺钙。具体指标：葡萄花期叶柄分析：钙含量在1.0% ~ 2.5%是正常；葡萄转色期叶柄的分析：钙<1.8%是含量过低，>3.5%是含量过高；果实成熟期叶柄中营养分析：钙含量达1.27% ~ 3.19%为适量，低于上述标准即为缺钙。

1. 症状 大棚葡萄缺钙的直观症状就是裂果增加、果实变软（彩图73）。

彩图73 果实因缺钙而裂果和烂果

2. 预防及矫治方法

（1）改善大棚葡萄的室内环境条件，保持一定的土壤水分和钙浓度，合理施肥，避免一次用大量钾肥和氮肥。采取正确的栽培技术，保持中庸树势，可促进钙的吸收和运输，减轻和预防缺钙而引起的生理失调。

（2）在生长期喷钙溶液，在果实豆粒大时、果实膨大期、果实转色期各喷一次微补盖力、微补果力、翠康钙宝等液体钙溶液。

（3）果实膨大期间，棚内保持一定的湿度，土壤适时灌溉，保证水分充足。

（4）果实转色期，棚内湿度不能过低，控制在65%左右。

（三）缺镁症

镁是叶绿素和某些酶的重要组成部分，一部分镁与果胶结合成化合物，促进植株对磷的吸收和运输。一般在生长初期症状不明显，从果实膨大期开始表现症状并逐渐加重，尤其是坐果量过多的植株，果实尚未成熟便出现大量黄叶，一般黄叶不早落。另外是钾肥施用过多，也会影响对镁的吸收，而造成缺镁症。沿海地区大棚葡萄在果实转色期，如果棚内过分潮湿、土壤施钾肥过多就会出现缺镁。具体指标：葡萄花期叶柄分析：>0.4%是镁正常；葡萄转色期叶柄的分析：<0.22%是缺乏，>0.6%是过高。

1. 症状　在果实膨大期出现，以后逐渐加重。首先基部老叶叶脉间褪绿，继而脉间发展成带状黄化斑点，多从叶片的内部向叶缘发展，逐渐黄化，最后叶肉组织变褐坏死，仅剩下叶脉保持绿色，其坏死的褐色叶肉与绿色的叶脉界限分明，病叶一般不脱落。缺镁植株其果实一般成熟期推迟，浆果着色差，糖分低，果实品质明显降低（彩图74）。

彩图74　缺镁果实和叶片

2. 预防及矫治方法

(1) 多施优质有机肥，增强树势。

(2) 勿过多施用钾肥。钾、镁的平衡施肥对高产优质有明显效果。

(3) 在植株出现缺镁症状时，可喷微补碧力等含镁离子的叶面肥，生长季节连喷3 ~ 4次，有减轻病情的效果。在施第二次的膨大肥中可施入硫酸钾镁肥，每亩10千克。

(4) 严格遵守大棚葡萄温湿度管理原则，尤其在果实转色期棚内湿度不能过高，在65%左右即可。

（四）缺锌症

锌对葡萄的氧化还原和叶绿素的形成都起一定的作用。沿海涂地易发生缺锌症，主要是土壤结构不好固定了锌，植株难于从土壤中吸收。花期棚内湿度过低、土壤中含磷量过高都会造成缺锌。因此，靠土壤中施锌肥不能解决缺锌问题。具体指标：葡萄花期叶柄分析：<15毫克/千克是缺锌 ，>25毫克/千克是正常；葡萄转色期叶柄的分析：<18毫克/千克是缺锌，>150毫克/千克是过高。

1. 症状 葡萄缺锌症其缺乏程度因葡萄品种而异。在夏初新梢旺盛生长时常表现叶斑驳；新梢和副梢生长量少，叶片小，节间短，梢端弯曲，叶片基部裂片发育不良（彩图75），叶柄洼浅，叶缘无锯齿或少锯齿；在果穗上的表现是坐果率低和果粒生长大小不一。正常生长的果粒很少，大部分为发育不正常的含种子很少或不含种子的小粒果以及保持坚硬、绿

彩图75 缺锌叶片

色、不发育、不成熟的“豆粒”果，人们称作“老少三辈”（彩图76）。

彩图76　缺锌引起的果实“老少三辈”

2. 预防及矫治方法

（1）改土施肥。改良土壤，加厚土层，增施有机肥料，是防止缺锌病的基本措施 。

（2）花期要控制棚内湿度，在50%～60%之间，不能太高或过低。

（3）叶面喷肥。萌芽期、花蕾期、谢花期至幼果期各喷微补花力、翠康生力液等含锌叶面肥。

（五）缺钾症

钾在葡萄体内处于游离状态，对植物体内多种生理活动如光合作用、碳水化合物的合成、运转、转化等方面都起着重要的作用。葡萄是喜钾植物，其对钾的需要总量接近氮的需要量。在涂地黏质土、缺乏有机质的瘠薄土壤上易表现缺钾症。在果实负载量大的植株和靠近果穗的叶片表现尤重。在果实膨大期后期和果实转色期间，如果土壤干旱或棚内湿度过低、就会加剧缺钾；果实始熟期，钾多向果穗集中，因而其他器官缺钾更为突出。轻度缺钾的土壤，施氮肥后刺激果树生长，需钾量大增，更易表现缺钾症。葡萄花期叶柄分析：在氮素充裕的条件下，<0.79%是缺钾，>3.0%是钾过量；葡萄转色期叶柄的分析：<0.7%是缺钾，>1.8%是钾高了；果实成熟期叶柄中营养分析：<1%是缺钾状态。

1. 症状　新梢生长初期表现纤细、节间长、叶片薄、叶色浅，然后基部叶片叶脉间叶肉变黄，叶缘出现黄色干枯的坏死斑，并逐渐向叶脉中间蔓延。有时整个叶缘出现干边，并向上翻卷，叶面凹凸不平，叶脉间叶肉由黄变褐而干枯。直接受光的老叶有时变成紫褐色，也是先从叶脉间开始，逐渐发展到整个叶面（彩图77）。严重缺钾的植株，果穗少而且小，果粒小、着色不均匀，大小不整齐。

彩图77　缺钾叶片

2. 预防及矫治方法

（1）增施优质有机肥。钾肥效果必须以氮、磷充足为前提，在合理施用钾肥时，应注意与氮、磷的平衡，而钾肥又有助于提高氮肥、磷肥的效益，一般葡萄园平衡施肥的比例是N ∶ P ∶ K=1 ∶ 0.4 ∶ 1。因此，施足优质有机肥，是平衡施肥的基础。

（2）叶面喷肥。在生长期对叶面喷2%草木灰浸出液等。

（3）土壤追肥。于果实着色期对土壤可追施硫酸钾或智利优钾（速溶性钾），一般每亩5 ~ 10千克，也可施草木灰等。

（4）果实膨大期后期和果实转色期间，保持湿润的土壤，棚内湿度控制在65% ~ 70%之间。

（六）缺铁症

铁的功能是促种进多种酶的活性，当土壤中的铁含量不足时，影响树体的生长发育和妨碍叶绿素的生成，因而形成缺铁黄叶病。沿海大棚葡萄的土壤大多是盐碱地，pH都比较高，土壤中铁元素在碱性条件下常转化为根系不能吸收利用的不溶性铁（这时土壤分析并不表现缺铁，但土壤中的铁不能被植物利用）。这主要是由于盐碱土壤中铁的植物有效性非常低，土壤中的铁在一般情况下均会氧化为溶解性极差的氧化铁或沉淀为氢氧化铁，使植株不能吸收铁来进行正常的代谢作用，这是引起发生缺铁黄叶病的主要原因。第二，土壤条件不佳限制了根系对铁的吸收，而不一定是土壤含铁量的缺乏。如土壤黏重、排水不良；春天低温时间过长，地温回升缓慢等均影响葡萄根系对铁的吸收。第三，不同品种对缺铁的敏感性不同，其中以欧美杂交种品种如巨峰、京亚等对铁的缺乏敏感，而藤稔对铁的缺乏最为敏感，最易发生缺铁性黄化。第四、树龄和结果量对发病有一定影响，一般是随着树龄的增长和结果量的增加，发病程度显著加重。具体指标：葡萄花期叶柄分析，>30毫克/千克正常；葡萄转色期叶柄的分析，<40毫克/千克是缺乏，>250毫克/千克就过高。

1. 症状　主要表现在刚抽出的嫩梢叶片上。新梢顶端叶片呈鲜黄色，叶脉两侧呈绿色脉带。严重时，叶面变成淡黄色或黄白色，后期叶缘、叶尖发生不规则的坏死斑。受害新梢生长量小，花穗变黄色，坐果率低、果粒小，有时花蕾全部落光（彩图78）。

彩图78　缺铁叶片

2. 预防及矫治措施

（1）盐碱地种植葡萄首先要排碱降盐，土壤含盐量在0.2%以下，pH小于8.3，才可以种植葡萄，此外，还要疏通三级排水沟进行排碱降盐（畦沟、园沟、围沟）。并注意土壤改良，增施有机肥和硫酸钾复合肥，深耕改土，防止土壤盐碱化和过分黏重，从而释放出被固定的铁。

（2）喷布叶面肥。叶片刚出现黄叶时，喷1%～3%硫酸亚铁加0.15%的柠檬酸或微补铁力2 000倍液。以后每隔10～15天再喷一次。注意：叶面喷施铁肥的时间一般选在晴朗无风的下午4点以后。无机铁肥随喷随配，肥液不宜久置，以防止氧化失效。浓度不能超过0.3%，否则会产生肥害，引起焦叶现象。缺铁葡萄园有连续性，要连续喷用若干年，直至缺铁症不再发生。

（3）果实采摘后及时揭除顶膜，防止返盐等使土壤盐分增加。

（4）增施有机肥，改良土壤，使植株更好地吸收土壤中铁元素。

（七）缺锰症

锰元素是葡萄体内酶的组成部分，它能激活几种重要的代谢反应，协助形成叶绿素，直接在光合作用中发挥作用，能增加钙和磷的有效性。在沿海地区的碱性土壤中或土壤中水分过多都会影响对锰的吸收。锰离子存在于土壤溶液中，并被吸附在土壤胶体内，土壤酸碱度影响植株对锰的吸收，在酸性土壤中，植株吸收量增多。碱性土、沙土、土质黏重、通气不良、地下水位高的葡萄园则常出现缺锰症。具体指标：葡萄花期叶柄分析，25 ～ 500毫克/千克是正常，>500毫克/千克过量；葡萄转色期叶柄的分析，<20毫克/千克是缺乏，>300毫克/千克是过高。

1. 症状 夏初新梢基部叶片变浅绿，然后叶脉间组织出现较小的黄色斑点。斑点类似花叶症状，并为最小的绿龟小脉所限。第一道叶脉和第二道叶脉两旁叶肉仍保留绿色。黄斑逐渐增多，并为最小的绿色叶脉所限制（彩图79）。褪绿部分与绿色部分界限不明显。严重缺锰时，新梢、叶片生长缓慢，果实成熟晚，在红葡萄品种的果穗中常夹生部分绿色果粒。

彩图79 缺锰叶片

2. 预防及矫治措施

（1）增施优质有机肥，降低土壤酸碱度，可预防和减轻缺锰症。

（2）在葡萄开花前对叶面喷0.3%～0.5%的硫酸锰溶液或大生（代森锰锌），连喷2次，相隔时间为7天，完全可以调整缺锰状况。

大棚葡萄关键营养元素的缺素症状和补充时期

元素	缺素症状	加剧缺素原因	关键补充时期
磷(P)	生长缓慢、老叶边缘变黄变红、果串减少、果实硬度差。	强碱性土壤、有机质缺乏、土壤中富含铁、冷湿气候、根系发育不良的状态下会加剧缺素	萌芽期、谢花期—幼果期、果实膨大期、果实转色期、低温期
钾(K)	老叶叶缘变黄、果实小、产量低、果实含糖量低	干旱土壤和棚内湿度低、土壤富含镁	坐果期、幼果期、果实膨大期、果实转色期
钙(Ca)	果实变软、易掉粒、裂果、果内部腐烂、保鲜期短	干旱土壤和棚内湿度低、土壤过量的钾和镁	果实豆粒大时、果实膨大期、果实转色期
镁(Mg)	老叶叶脉间黄化、严重时老叶变红、果实着色差、果实干瘪	关键时期棚内过分潮湿、土壤施钾肥过多	坐果期、果实豆粒大时、果实膨大期、果实转色期
锌(Zn)	新叶小、顺脉间失绿、果实大小不一、坐果率低	土壤有机质缺乏、需要时期棚内湿度过低、土壤中含磷量过高	萌芽期、花蕾期、谢花期—幼果期
硼(B)	生长点枯死、花而不实、坐果率低、果畸形、果实大小粒	开花前后土壤间歇性干旱，早春寒潮冷湿气候、土壤含氮和钙过多	萌芽期、花蕾期、谢花—幼果期

大棚葡萄叶面营养液使用方案

生育期	目的	叶面肥	次数	使用好处
萌芽后—展叶期	促发新根抗低温	补磷、锌、硼	1	新梢发育早而齐
新梢生长期—开花期	壮花保花防落花蕾	补磷、锌、硼	1	新梢叶片发育整齐健壮、花蕾壮、开花整齐、落花蕾症状大幅减少
谢花2/3	预防大小果、减少生理落果	补磷、钾、镁、锌、硼	1～2	坐果率高、非正常落果少、坐果均匀、大小果症状少
幼果—硬核期	促进膨大、预防裂果、提高果实硬度	补磷、钾、钙、镁	2～3	裂果大幅减少、果实膨大快、果实硬度高

生育期	目的	叶面肥	次数	使用好处
硬核—转色期	预防落果裂果、促进后期膨大、预防生理落叶	补磷、钾、钙、镁	2	果实着色均匀、果实硬度好、病害少、生理黄叶少
转色期—采收期	提高果实着色、提高果实硬度、防止生理黄叶、预防提早落叶	补磷、钾、钙、镁	2	提高果实硬度、预防采后掉粒、延长保鲜期、提高糖分、促进着色、减少病害
采摘后	保叶储存营养	补镁、锌	2	生理黄叶大幅减少、采后提早落叶减少，积累养分、预防大小年

大棚葡萄土壤施肥方案

生育期	目的	地面施肥	次数	使用好处
萌芽—展叶期	促发新根	补磷、氮	1	新梢发育早而齐，新根发育多、抗低温
坐果后15天	促根膨果、保叶健叶	补磷、氮、钾	1	坐果率高，非正常落果少、大小粒症状少
膨大盛期	促进膨大、预防裂果、提高果实硬度	补磷、氮、钾、钙	1	裂果大幅减少、果实膨大快、果实硬度高
硬核期—转色期	预防落果裂果、促进后期膨大、预防生理落叶	补磷、钾、钙、镁	1	减少后期裂果、促进后期果实膨大、大幅减少生理黄叶
转色期—采收期	预防病害、防治生理黄叶、提高果实硬度、预防提早落叶	补磷、钾、钙、镁	1	提高果实硬度、大幅减少生理黄叶、减少采后提早落叶、积累养分、预防大小年
采摘后	保叶、储存养分	补磷钾镁	1	大幅减少生理黄叶、减少采后提早落叶

十一、药　害

（一）农药药害

1. 概况　葡萄在南方栽培后，由于南方果园湿度高，容易孳生各类病菌，葡萄又极易被各类真菌感染，因此露地栽培必须使用各种农药来帮助葡萄抵抗真菌的侵蚀。沿海地区在对葡萄进行大棚栽培后，病虫危害程度大大降低，但也由于南方早春低温多雨、夏季高温高湿等大环境的影响，对葡萄最致命的病害有4种，分别是幼龄期的黑痘病、上棚结果期的灰霉病、霜霉病和白腐病，种植过程的任何疏忽，都可能引发这些疾病。化学防治在目前和今后仍是防治这些病害的主要手段，在农业机械化过程中，大面积使用农药更是不可缺少的。然而农药药性（农药使用范围和使用方法）、正确用药方式、农药的搭配、葡萄园间使用次数、加上有些农药本身的不稳定性，还有在利益驱使下，为使果子色泽诱人、个大味甜，“催红剂”、“膨大剂”等生长调节剂的使用等等，一不小心都会产生药害。甚至会造成环境污染、毒害人畜、破坏整个农田生态系统等严重后果。

2. 产生药害的种类和对葡萄的影响

（1）没有很好地了解掌握农药药性和正确用药方式。同一种农药用在同一种农作物上，在不同气候环境条件下会产生不同效果。这就是农药使用过程中的普遍性和特殊性。普遍性是指农药的适用范围及使用方式，特殊性是农药使用在同一农作物上，在不同气候环境条件下所产生不同效果。如2006年二甲酰亚胺杀菌剂药害。此农药在低温条件下，若施用浓度过高可对大棚葡萄造成药害，使葡萄叶片畸形、皱纹、叶缘和叶脉间褪绿等现象。另一种情况：同一种农药用在同一种农作物上，在不同生长时期会产生不同效果。如2007年4户葡萄种植户同时使用50%黑灰净和50%速克灵产生的药害。这两种农药是内吸性杀真菌剂，对葡萄孢属和核盘菌属真菌有特效，使用后保护效果好、持效期长，能阻止病斑发展蔓延。农户就重视了它的上述作用而忽视了它的注意点而造成药害。幼苗、弱苗或高温条件下施用时浓度不宜偏高。否则会造成葡萄生长停止，严重的花穗脱落。2010年的百菌清药害。就是农户没有注意此农药具有不稳定性，使用后会有可能造成葡萄药害（百菌清为小分子团粒杀菌剂，与乳油类农药混用，容易对葡萄幼果有灼伤，特别是欧亚种）；还有铜制剂农药在遇碱、高温、高湿易分解，与含铁化合物长期接触也易分解失效。在用铜制剂农药喷葡萄时，就不能用铁桶，也不能在高温下使用，与酸性农药要间隔一周后使用。

（2）乱用滥用农药。如2006年，农户张某擅自在花期用以下五种农药混配使用。一桶（210千克）水共配：①美国进口20.5%速乐硼5包共75克；②50%黑灰净3包，共150克；③有机无机膏肥500克；④代森锌80%可湿性粉剂2包共200克；⑤80%的敌敌畏345克。结果发生药害。

造成葡萄大量叶片扇形、变形、皱缩、叶脉发黄，花穗硬化、畸形、退色、变红、腐烂，幼果脱落。生长势明显减弱。

(3) 农药市场“鱼龙混杂”用户购药有如“雾里看花”。所用的农药，必须是三证齐全（农药登记证，农药生产批号、生产质量标准），农药外包装的标签与说明书、产品合格证必须一致。对“临时”性批号农药和肥料，要看清“临”字批号农药的产地和批号期。如2004 年张某等3位农户，在葡萄园根外追肥了营养液“金叶大宝”造成葡萄花蕊凋谢的药害。经查，该营养液产地是湖南，是临（字）2000年度实验性营养液，完全违反《农药管理条例》第七条规定：示范试销的农药以及在特殊情况下需要使用的农药，由其生产者申请临时登记，经国务院农业主管部门发给临时登记证后，方可在规定的范围内进行田间试验试销的规定。另外有一农户，使用下列黄腐酸钾溶液进行根际促根生长，结果造成药害。该包装为：农肥临字号的黄腐酸钾≥50%，但特别添加：螯合钙+S>>16%；多肽蛋白，甲壳素>>15%；阿维菌素原粉>>2%；BR生根粉，抗重茬H粉，钙、镁、锌、铁、锰、钼等中微量元素适量。这是肥料管理条例中不允许加入农药，虽然三证齐全，但这个是假的肥料，不能使用。

(4) 部分葡萄种植户文化水平偏低，农药专业知识较少，盲目地使用农药，因此造成的事故也常发生。

①错用农药类型。一些农药存放的时间稍长，瓶上标签脱落，在未辨清该药为何类时，就盲目地使用，必然造成一定的药害，严重时可造成作物颗粒无收，甚至影响下茬作物。部分果农在使用农药时，贪图省事，经常擅自“复配”农药，使药剂效果降低或无效，有的甚至产生意想不到的药害。

②擅自增加农药用量。农户在用药时，不用计量工具，就用“差不多”的思想擅自调配，且认为“浓度越高，效果越好”，这不仅浪费了财力、物力，同时还造成污染残留、病虫抗性增强等系列问题（由于喷药量过多造成的药害）。

③药剂混合不均、放药顺序颠倒或在使用过程中不加以再次搅动都会造成伤害。农药混用原则：农药等混配的顺序通常为：可湿性粉剂、悬浮剂、水剂、乳油依次加入，每加入一种即充分搅拌混匀，然后再加入下一种；先加水，后加药，进行二次稀释；配药后立即喷用；配用时必须使用

清水，冬季水温与棚内温度基本持平。

④大棚内温湿度管理不当造成的药害。由于湿度过大或打过农药后立即关棚膜造成果花斑、关棚打药时棚内温度高引起药害。因此，正确、科学地使用农药，应用新技术、新方法、新途径是现代化农业中不容忽视的一个重要环节。

（5）对葡萄总的影响。急性药害在喷药几小时至数日内表现，如叶片出现斑点、黄化、失绿、枯萎等；慢性药害经过较长时间才会表现出来，如光合作用减弱、花芽形成及果实成熟延迟、果个小、畸形等。轻则造成叶片黄花、焦枯、脱落，重则整株死亡。

3. 药害后补救

（1）植株喷水。如发现早，应立即喷水冲洗受害植株，以稀释和洗掉黏附于叶面和枝干上的农药，降低树体内的农药含量。此项措施越早越及时，效果则越好。要注意棚膜的管理，揭棚膜降低棚内的湿度。

（2）喷药中和。根据引发药害的农药性质，采用与其性质相反的药物中和，用酸碱中和原理进行药物分解。大多农药都属于酸性。因此可以用粒状的50%腐殖酸钠（先用少量的水溶解）配成3 000倍液进行叶面喷雾，3 ～ 5天后叶片会逐渐转绿。无论何种药害，叶面喷施0.3%的尿素溶液加0．2%的磷酸二氢钾混合液，或用1 000倍液植物动力2003喷施，每隔10 ～ 15天1次，连喷2 ～ 3次，均可减轻药害。

（3）加强肥水管理。对受害植株适时灌水、及时追肥、疏松土壤，促进根系和新梢快速生长，尽快分散和分解植株上的残留农药，增强树体抵抗力，减轻药害症状。

（4）加强生长期修剪，严格控制果实负载量。及时适量地进行修剪，剪除枯枝，摘除枯叶，防止枯死部分蔓延或受病菌侵染而引起病害。对受害植株减少果实负载量，受害较轻的植株要按原定产量的50%确定负载量，受害较重的要将果穗全部疏掉。适当晚摘心，尽量多留2 ～ 3片叶。并对顶端萌发的副梢多留2 ～ 3片摘心，以增加树体光合能力。

（5）喷施叶面肥。发现症状后，对受害植株及时喷施叶面肥，以增加树体的抵抗力，尽快恢复生长。喷施的叶面肥有：碧护、芸苔素、绿丰、高美施等。为了达到叶面肥的效果，可每隔2 ～ 3天喷施1次，连续喷施。

4. 生产对策

(1) 科学规划，集中连片新开发的葡萄园要统一科学规划，做到集中连片，园地外围要设置防护林等隔离带，最大限度的抵御药害。

(2) 合理使用农药。选择合适的农药品种，准确配制农药，掌握用药时间，用水量，选择良好的施药器械，严格遵守安全间隔期规定，以及安全保护和安全贮存。

(3) 生产上重视以农业、生物防治为主的防治原则，着重预测预防，以保护性药剂为主，减少农药的防治次数，选择植物、矿物药剂等已在葡萄上登记使用的农药以及安全间隔期，一年一药，绝不重复等综合防治原则。

(4) 遵循大棚葡萄园防治病虫害的防治原则：

①冬季清园。修剪结束后，彻底清除残枝、残叶、残果；秋季结合施肥深翻土壤；喷3～5波美度的石硫合剂，减少病原菌；剥除老翅枝皮，主干涂反，减少病虫菌的越冬场所。绒球期用硫磺熏烟流毒杀。

②选择适当时间进行预防：绒球期用3～5波美度的石硫合剂清园，花前没病不防治，见花后8天用40%的施佳乐1 300～1 500倍液加翠康金硼液2 000倍液防灰霉；着色初期用“农抗120”800倍液加双效有机液肥500倍或喷施世高3 000～4 000倍液加双效有机液肥500倍液预防白腐（风暴后立即用药），喷果穗和下部叶；采收前30天停止一切用药。采后再喷波尔多液半量式防治褐斑病、霜霉病、锈病，隔20天喷石硫合剂45%晶体150倍液防治白粉病，保护好叶片。并用物理性诱导器，诱杀公斜纹夜蛾，并做好秋梢修剪，防止旺长，积累养分，促进花芽分化。

③按照以下大棚葡萄操作规范进行农药防治。

(a) 不要在中午太阳光强烈时进行叶面喷药。

(b) 喷药时揭开大棚膜，进行通风。早晨待露水干了时喷，喷后待叶片干燥后关棚。

(c) 百菌清农药对青色欧亚种的危害。农药配制浓度按说明的最大值。

2010年5月16日，某农户用0.05%苦参·烟碱1瓶（200毫升）加25%吡虫啉1包（50克）加70%甲基托布津（100克）2包，加40%百菌清乳剂（100毫升）2瓶加水200千克，喷后三天出现果实表面花斑，影响果实的商品性，严重的失去商品价值。此情况是由于百菌清药性不稳定产生药害，易出现在青色的欧亚品种当中（彩图80）。

彩图80　百菌清农药对青色欧亚种的危害

除草剂药害

大棚葡萄对2,4-滴丁酯类等除草剂，非常敏感，很微量的除草剂都会造成叶片畸形，变为芹菜叶状。所以药害非常普遍（彩图81）。故在葡萄园除草时，①尽量用人工除草或地膜覆盖；②在打除草剂时千万要注意风向，尽量压低喷头，以免沾到或飞到葡萄叶、芽和枝条上。如果发生应及时喷施含镁的叶面肥和芸苔素，提高酶的活性，促进发育；增强光合效率；提高抗逆能力；减轻药害；结合醚菌酯或嘧菌酯农药进行治疗和保护，抗病毒、细菌、真菌的危害，并增强作物抗病能力。同时用促根剂进行土壤施肥，促进根系生长，增强根系活力，提高抗逆能力，预防沤根、烂根、根肿、畸形（彩图82、彩图83、彩图84、彩图85）。

彩图81　芽期草甘膦药害

彩图82 新叶生长期草甘膦药害

彩图83 绒球期草甘膦药害

彩图84　连续三年受草甘膦危害的叶片和根系

彩图85　百草枯药害

二甲酰亚胺杀菌剂药害

二甲酰亚胺杀菌剂如扑海因和乙烯菌核利等农药，在低温条件下，若施用浓度过高就会对大棚葡萄造成药害。其主要症状表现这叶片畸形、具皱纹、叶缘和叶脉间褪绿等（彩图86）。在防治上应注意天气变化，避免在低温条件下施用，严格控制施用剂量。

彩图86　二甲酰亚胺杀菌剂药害

2007年，4户葡萄种植户同时使用50%黑灰净和50%速克灵产生药害。浙江禾益农化有限公司生产的50%黑灰净可湿性粉剂和青岛海博生物技术有限公司产品50%速克灵可湿性粉剂，它们的有效成分都是50%腐霉利可湿性粉剂，是内吸性杀真菌剂，对葡萄孢属和核盘菌属真菌有特效，使用后保护效果好、持效期长，能阻止病斑发展蔓延。所以沿海大棚葡萄种植户往往用它们来防治和保护葡萄灰霉病的危害。特别在作物发病前或发病初期使用，可取得满意效果。但要注意：①不能与碱性药剂和有机磷药剂混用。②要随配随用，不宜长时间放置。③幼苗、弱苗或高温条件下施用时浓度不宜偏高。④病菌易对其产生抗药性，要及时换用其他类型的杀菌剂。其中的第三条本例农户就忽视，所以造成药害。在新蔓4片叶前高浓度使用50%速克灵可湿性粉剂1 500倍使用后，生长停止，严重的花穗脱落；同样在新蔓4片叶前使用50%黑灰净可湿性粉剂1 000倍防治葡萄灰霉病也出现叶片失绿斑点、节间缩短等现象。所以在使用中应严格遵守大棚设施葡萄的防治原则，绝不能超浓度使用，此外还要注意使用时期，还应注意该农药的一般使用事项。

在新蔓4片叶前高浓度使用50%黑灰净可湿性粉剂1 000倍液防治葡萄灰霉病也出现叶片失绿斑点、节间缩短等现象（彩图87）。

彩图87　50%黑灰净可湿性粉剂药害

在新蔓4片叶前高浓度使用50%速克灵可湿性粉剂1 500倍液使用后，生长停止，严重的花穗脱落（彩图88）。

彩图88　50%速克灵可湿性粉剂药害

施佳乐药害

在大棚葡萄生长前期防治灰霉病时，如遇低温、树体衰弱，喷药后通风不良以及喷药浓度过高都会造成药害（彩图89、彩图90、彩图91、彩图92、彩图93、彩图94、彩图95）。

彩图89 施佳乐药害

彩图90 灭霉清药害

彩图91 葡萄五样混合液药害

彩图92　4种药剂混配使用产生的药害

彩图93　高浓度乳油杀菌剂所产生的药害

彩图94　错用杀菌剂造成果穗感病

彩图95　药害造成的叶片失绿

铜制剂危害

虽然葡萄对铜离子具有较强的忍耐能力，但过量施用或施用时期不当，铜仍可对葡萄造成伤害。一般在葡萄生长季节后期或雨季，葡萄枝叶表面露水大量形成，可促进二价铜离子的积累而对葡萄造成毒害。受害的葡萄叶片出现浅青铜色、红色直至坏死枯斑，叶片易脱落。受害的果粒表面出现黑色坏死斑。一般氧氯化铜比硫酸铜对葡萄的药害轻，即所谓"固铜"现象，但所有剂型都需要

彩图96　铜制剂危害

加入石灰等作为部分保护剂，尽管如此，当大量施用铜和石灰后，仍可见到葡萄生长和产量下降现象。因此，葡萄生产中不宜过量施用铜制剂，包括波尔多液。在生产过程中，像波尔多液、可杀得等无机铜杀菌剂正逐步退出市场，海正必绿（喹啉铜）、噻菌铜等有机铜逐渐兴起，它们更加安全可靠，混用性好，在葡萄嫩梢期和幼果期正常使用条件下也不易产生药害，同时不会伤害天敌“多毛菌”而引起螨类的增殖，减轻了农民的经济负担和用药隐患，具有杀菌又补铜的作用（彩图96、彩图97、彩图98、彩图99、彩图100）。

彩图97　喷药量过多造成的药害

彩图98　湿度过大或打过农药后立即关棚膜引起果实花斑

彩图99 打药时温度高引起的药害

彩图100 药剂混合不均、放药顺序颠倒，造成药害

（二）生长调节剂危害

1.概况 目前，沿海大棚葡萄的主栽品种是欧美杂交种藤稔，它不经膨大处理就没有商品价值。所以生产上广泛应用以吡效隆为代表的膨大剂。此外一部分果农为了促进果实早上市，使用催熟剂的现象也常常存在。促进果实膨大的膨大剂按成分分为3类：一类是吡效隆（CPPU），中文名称叫调吡脲、吡效隆、施特优、1-（2-氯-4-吡啶）3-苯基脲，是植物生长调节剂，可使果实膨大、增产。一类是以赤霉素（GA_3）、吡效隆等为原料复配而成。还有一类是主要用于无籽葡萄品种的赤霉素。催熟剂是以乙烯利为主要元素的混合液。

2.对葡萄生长的影响

（1）膨大剂对葡萄膨大有显著的促进作用。藤稔葡萄上使用：在花后7～15天用10毫克/升CPPU浸果，会使果粒平均达16.6克；在花期天气异常的年份里也会用GA_3处理巨峰果穗，以此减少由于受精不良引起的无核果，使无核颗粒增大为商品果，减少灾害的损失。但如果使用浓度过高，易产生成熟延迟，着色不良，果梗硬化，糖度下降，采运过程易落果、易裂果等。

（2）部分果农在葡萄上使用乙烯利，理论上、实际上都可以使果实提早成熟6～8天。但生产也存在着急于求成的农户使用浓度过高，以致于果实失去商品价值甚至导致落果。

3. 产生药害后补救措施

（1）药害发生后，对叶面或果实可用大量清水淋洗。

（2）叶面喷施尿素或磷酸二氢钾溶液等叶面肥，可起到一定的缓解作用。

（3）及时摘受害的果实、枝条、叶片，防止植株体内的药剂继续传导和渗透。

4. 预防对策

（1）重视综合栽培技术。葡萄高产、优质、高效益的获得，必须以合理的土、肥、水和架面管理等综合栽培技术为基础。调节叶果比和其他综合的栽培措施来达到早熟、优质、高效，不能用生长调节剂使果粒增大、提早成熟和提高糖度。

（2）掌握应用的必要性。只有在特殊的气候条件下，植株体内内源激素失去平衡时，才可以使用。

（3）准确选定使用时期。GA_3在葡萄坐果期应用，可提高坐果率并使果实增大，而在花前使用一般会降低坐果率并使果实变小。

（4）掌握适当的浓度和次数。不同药剂的有效浓度范围有广有窄，药效持续时期有长有短。浓度过低、次数少，可能不起作用或作用小，过浓、次数多，则可能有药害或反效果。

（5）树体状况和环境条件。葡萄品种、树势、树龄不同，植物生长调节剂的使用效果很可能不一样。使用时的气温、湿度、阳光等，对效果也有影响。因此，在某地某一品种上的成功经验，在别的地方或别的品种上应用时，仍需先进行试验。

（6）在生产上还应采取相应的配套措施：

①不要单独使用CPPU，宜与GA_3混配应用，降低CPPU使用的浓度，减少副作用。在藤稔葡萄上以5毫克/升的CPPU混加25毫克/升GA_3为宜。

②减少留穗量：应按1 500千克／亩产量定穗。

③认真疏好果：使果粒有充分的膨大空间。

④增施膨果肥：视果粒膨大效果，酌情增施膨果肥，满足果粒膨大所需营养。

⑤选用以发酵工艺生产的植物生长调节剂为原料的膨大剂。对广谱性的膨大剂在一个地区应先试用，观察其在不同品种上的表现，还应进行不同使用期试验，以确定适用品种和最佳使用期，然后逐步推广，切不可盲目大面积使用。目前，因为膨大剂种类越来越多，所以，应不断引入尚未用过的膨大剂进行试验，以不断挑选较理想的膨大剂。

吡效隆药害

2008年5月3日，某农户用福灵达（兰月吡效隆S20022006、四川省农业科学院兰月公司）1支（10毫克）冲水1.25千克加农药世高（PD20070061F070 020）1包（10毫升）冲水20千克加上海产的75%的九二O一包（1克）加水14千克浸果。10天后，即5月13日发现小果粒葡萄上（单果重0.75克以下）出现花斑（彩图101），而且都发生在下部药液局积渍的部位，单果重在2克以上者不会出现花斑。

产生原因：吡效隆浸果在葡萄果粒小于绿豆粒时使用，就会引起果皮

彩图101 吡效隆药害

花斑、大小粒、穗散、减产。

预防措施：待果实长大点浸果。

大果宝药害

2010年5月10日，某农户在京亚葡萄和藤稔葡萄上应用大果宝进行果实膨大，浸果后5天出现葡萄果面像油烫了一样，过后陆续出现果粒裂果，严重的整穗裂果（彩图102）。

此外在应用膨大剂还要注意：

彩图102　大果宝药害

（1）长期低温后高温的第一天不能进行浸果或打药。

（2）打药或浸果后都应等到叶片干燥后关棚膜。

（3）正确使用浸果和喷药的方法和浓度。

（4）禁止果实在浸液容器中摇晃。

（5）因品种间特性的差异，并不是所有葡萄品种都可以处理到藤稔那么大，如巨峰葡萄品种增大至25克以上易引起裂果。藤稔葡萄经过膨大处理后，成熟期的裂果程度本身就加重。

（6）药液必须一次性全部溶解，及时使用。溶解后的药液5天内均有效（只是药效略下降）。

（7）果粒小于绿豆粒时决不可以使用，必然引起大小粒、果皮花斑、穗散而减产。

（8）葡萄品种不同对此药反应有差别，反应小的品种 ，可以加大药量。

(9) 初次使用，先要试用，观察20天后再用。

催红剂危害

2010年有农户用萘乙酸、乙烯利、2,4-D加磷酸二氢钾和倍加绿（含锌、钾、钙的营养液）喷施叶面想提早果实着色，不料5天后产生以下症状，果实一半着色，而且一半停止生长（彩图103）。原因是2,4-D过量后引起。

彩图103 催红剂危害

解决办法：果实提早着色是个系统的技术。主要有：①加强肥水管理，增强树势、提高光合能力，在果实着色期增施钾肥。②控制产量，据研究，每生产0.5千克高质量葡萄需要叶面积大约为0.4 ~ 0.7平方米，在葡萄叶面积系数为2.5时，葡萄产量应控制在1 500千克左右。③果实着色要严格控制新梢生长，对仍在生长的主副梢进行连续摘心，使叶片合成的光合产量更多地运输到果实中。④开始着色时果枝基部环割，摘掉新梢基部的部分老叶。⑤喷营养液：翠康钙宝600倍液，翠康金钾1 000倍液，全树喷。⑥及时清扫棚膜上的灰尘、水滴，提高透光性。在果实开始着色时，将遮光的老叶摘除，疏除果实周围的遮光枝，增加果实浴光程度。增加顶部受光量：在5月中下旬后，晴天时及时打开顶膜，让果实在自然条件下受光，有利于提高着色程度。⑦在果实硬核期，用果美红2号，山西运城产的、以氨基酸、钙为主的微量元素，浓度800倍液，隔三天再用，连续使用2次，在下午4点后喷在果穗上面。

十二、大棚薄膜质量不达标造成的危害

（一）概况

目前台州生产上用的大棚薄膜有：山东淄博塑料八厂塑料薄膜（5～6丝、防老化、防流滴、使用寿命一年、聚乙烯）应用大棚葡萄1 000～2 000亩；台州联盛塑膜有限公司塑料薄膜（5～6丝、高保温，流滴、抗老化、聚乙烯），应用大棚葡萄4万亩；杭州新光农膜有限公司塑料薄膜（5～6丝、使用一年、防老化、防流滴、聚乙烯），应用葡萄面积6 000亩；台农-普拉斯克（强韧度、抗老化、透明、流滴的PEP利得膜）应用葡萄面积7 000亩。还有北京华盾、宁波林塔、山东神算等。

（二）对葡萄的影响

大部分大棚薄膜的质量都能满足葡萄的生长发育所需的条件，只有很少一部分农户购买不合格的薄膜，主要是透光性差、防流滴程度不够理想，在早春低温阴雨多的年份，造成枝蔓徒长、嫩绿，流滴程度差的大棚膜会造成葡萄新芽烂芽、花穗烂花，叶片失绿，果穗和果粒都比较小，生长缓慢甚至停止（彩图104、彩图105、彩图106、彩图107）。

彩图104　劣质膜覆盖的（刚谢花的）葡萄叶黄而薄

彩图105　劣质膜覆盖的葡萄果实裂果、烂果

彩图106　流滴失效的薄膜覆盖的葡萄园叶片失绿

彩图107　劣质膜覆盖的刚谢花的葡萄

（三）解决措施

选择耐老化性、保温性、流滴性、防雾性、棚内作物清晰可见的高透明性的好薄膜，尤其是高透光性，它是解决特殊年份里的长期低温阴雨所造成的烂芽、烂花等问题。低温阴雨时棚内迅速提高温度、果实安全开花、提早上市、减少病害的发生等问题的有效办法。

具体指标如下：

主要质量指标：长寿、高透光、高保温、无雾滴、无尘、无毒多功能膜，寿命一般在1 ～ 2年。

长寿：通过优化通用基础树脂、稳定剂等，延长了棚膜的使用寿命。我国PE长寿膜厚度0.05毫米（用于中小棚）和0.08毫米（用于大棚）膜使用寿命1~2年。

无滴膜：主要依靠亲水的无滴剂起作用，无滴剂可内添加于膜材料中，也可外涂于膜表面。依靠中间树脂的低导热系数起到热阻作用，使棚膜内外表面能保持较大温差从而减少棚膜内表面雾滴的形成。近年来一些无滴膜增加了防雾功能，可有效减少或消除大棚内雾气，增强作物采光效果。

保温膜：白天太阳光主要以0.3 ～ 0.7微米的波长射入薄膜内，使棚内温度升高，土壤吸收大量热量，空气夜间温度低于土壤时，以长波红外线（5 ～ 10微米）将热量散发出去，保温膜的作用就是阻止夜晚远红外辐射的透过，以保持棚内温度。保温膜有利用红外热阻或低导热系数型（单层或多层共挤复合）以及添加红外吸收剂型，后者成本低保温效果好。

厚度：为提高保温性能，薄膜应控制在一定厚度，0.05 ~ 0.08毫米。

流滴失效时间：无滴膜中含有亲水物质，覆盖后膜内表面水滴连接成水膜而沿膜流下，故称为流滴膜。此膜透光率高，膜内外温差大，使用效果较普通无色透明地膜好，膜内湿度也相对较小。

高透光：要求塑料大棚透光率在85%以上。而且具有漫反射功能和调光功能。大棚平面布局多为南北延长的形式。

在生产上做到：①前期盖白色地膜，后期盖银色反光膜。②加强肥水管理，增强树势，提高光合能力，在果实着色期增施钾肥。合理的枝蔓管理、控制产量。③大棚顶膜一年一换。④及时清扫棚膜上的灰尘、水滴，提高透光性。在5月中下旬后，晴天时及时打开顶膜，增加透光程度。

十三、果实成熟期病变

（一）果实花斑

症状：在果实成熟期出现白色霉点，像白腐病（彩图108）。

彩图108 果实花斑

原因：一般年份此现象不多见，其产生原因：①果实膨大后期使用粉剂和易产生果锈的农药。②果实成熟期外界天气长期低温阴雨，棚内温湿度过高。③过多喷叶面肥。

预防对策：

（1）碰到特殊天气，覆地膜降低棚内湿度。

（2）用栽培方法例如环剥促进果实提早着色，避免过多喷叶面肥，造成果面花斑。

（3）提早使用果实着色期的钙和钾元素，在果实膨大中期地面使用硝酸钙，着色中后期停止喷施叶面肥。

（4）选用以水剂、悬浮剂为主的农药进行防病，特别是膨大后期；打药时雾滴要细，喷射着力点面要大。

（5）严格控制棚内湿度，果实成熟期湿度控制在60%左右。

（二）果实裂果和烂果

2010年，梅雨季节带来的连续性强降雨给正处于成熟期的大棚葡萄带来较大范围的裂果损失，其中以藤稔葡萄受损最重。据6月27日对温岭市陈鹏果业有限公司的藤稔葡萄受损情况调查结果，在日常性进行疏除裂果果实的前提下，藤稔葡萄有裂果的果穗数占总果穗数的51.6%；单穗中裂果果粒数占总果粒数的17.7%，严重的达到36%（彩图109、彩图110）。

彩图109　葡萄裂果

1. 主要原因分析

（1）因浆果生长期，久旱遇雨或灌大水，土壤含水量急剧变化，果肉细胞迅速吸水膨胀而果皮膨胀缓慢，从而导致裂果。

（2）偏施氮肥，造成碳氮比例失调，使树体营养供求不平衡，使细嫩薄弱的果皮因无力弹性而导致裂果。

（3）挂果量过多。

（4）盲目使用植物生长调节剂，如膨大剂、催熟剂等。

（5）病虫危害，如白腐病、黑痘病、红蜘蛛的危害，导致裂果。

彩图110　葡萄烂果

2. 主要对策措施

（1）覆盖地膜。①抑制土壤水分的蒸发，保持土壤水分处于充足而稳定的状态。特别是浆果生长期保持土壤含水量在60%左右。②降低空气湿度，防止果皮吸水，降低裂果率。

（2）加强有机肥的施入。在秋季结合清沟盖土施予大量的有机肥，配以少量的复合肥和磷肥。

（3）加强夏季修剪，使果穗合理分布，减少病菌侵染，及时绑蔓、摘心、打理副梢，适当疏叶疏果，改善通风透光条件。结果枝在花序以上留6～8叶摘心，营养枝留10～12叶摘心，顶端副梢留2～3叶反复摘心，顶端以下副梢留单叶绝后。成年葡萄树每株留果10～11个果穗，每串控制在40颗之内，这样，有利于葡萄的正常生长，保证产出的葡萄色泽鲜艳、个大质优。

（4）合理用药，综合防治病虫害。

（5）严格控制产量，每亩在1 500千克左右。

（6）严格控制植物生长调节剂的使用。

十四、花芽分化期的病变

（一）概况

根据中华园林网：花芽分化是一个复杂而又缓慢的过程，也就是说，在新梢伸长、开花结实的同时，腋芽也在进行着花芽分化，孕育着下一年的产量，此时的葡萄植株，担负着双重任务。葡萄冬花芽的分化，一般是从主梢开花期开始，至终花后2周，第1花序原基全部形成，与此同时，第2个花序原基开始产生，6～8月份为分化盛期，以后的分化则逐渐减缓。一般在花后70天左右，完成第2个花序原基的分化，在此期间，第1个花序原基仍在继续增长。营养条件适宜时，便可生成完整地花序原基，否则，花序就不完整或者形成卷须。因此，葡萄花期也是葡萄花芽分化的第1个临界期，此时是形成花序原基还是形成卷须的关键时刻。入冬以后，花芽的分化渐趋休眠状态，即是继续分化，速度也极为缓慢。第2年春季，随着气温的上升，冬芽逐渐增大，头一年形成的花序原基继续进行分化发育，营养物质充足时，可促进花序分化增大，营养不足时，也可能迫使其退化为卷须。这是葡萄花芽分化的第2个临界期。花序原基分枝分化的多少，即以后花序的大小，花蕾发育是否完全，决定于这一时期的营养状况和气候条件。萌芽至新梢展叶期，花序陆续形成花瓣、雄蕊、雌蕊等，7叶期形成胚珠，10叶期形成花粉粒，此时，花芽分化全部完成。如果在此期间的营养条件不良，则上一年形成的花序原基轻则分化不良，胚珠不发育，并造成大量落花，严重时则花序原基全部干枯脱落。因此，在这一时期内，树体内的营养物质是否充足，对花器的发育，有极为重要的影响。

1.对葡萄的影响 在大棚促早栽培中，单膜覆盖膜内光照度减少1/3，双膜覆盖减少40%左右，树体营养积累减少；棚温调控偏高，蔓果管理不当，产量偏高均影响花芽分化，甚至导致花芽严重退化。影响花芽分化的内部因素主要有营养水平和激素平衡，以下任何一种操作不当都会引起营养水平失调和激素的平衡，①落叶过早；②肥料偏少；③品种特性；④修剪太短；⑤产量过高；⑥氮肥偏多；⑦枝条徒长；⑧夏季摘心整蔓不勤。在营养条件好、氮磷钾都有保证的情况下，葡萄花芽分化好，形成的花芽数量多。外部因素主要是温度和光照。浙南沿海连续高温和花期遇低温是南方沿海大棚葡萄花芽分化不好的主要因素。花芽分化需要较高的温度，不同品种的花芽分化对温度的要求略有不同，一般为24 ～ 35℃。冬芽中花芽分化的前3周对温度反应最敏感。充足的光照是促进花芽分化的有利条件，郁蔽能大大降低花芽数。冬芽中花序原始体的数目和大小随光强的增加而增加。还有大棚内早期的地温气温不协调，棚中的高温、高湿、弱光、低CO_2浓度等因素都给葡萄生长发育带来明显不利的影响，导致新梢冬芽花芽分化不良，出现花序变小、退化和结果枝率下降、连续结果能力差（无花或少花）、单性果等问题；还有大棚薄膜覆盖后，树液开始流动，花序原基开始伸长，这时候的大棚温度对花芽分化是最敏感的，而且要维持较高的温度，如果这时棚内持续低温，就会影响花芽的继续分化，导致花的数目和大小都降低。直接影响到设施葡萄栽培的经济效益。

2. 调控措施

（1）调节棚温。温度调控对花芽分化至关重要，应根据葡萄的不同生长发育期采取不同的温度管理，确保符合葡萄不同时期的生理需求。一般认为，棚内葡萄温度管理有两个关键时期。一是花期，一般要求最适温度在15℃以上，夜间最低温度不低于5℃；二是果实发育后期，最适温度在25℃左右，最高不超过30℃。由于葡萄花芽分化与萌芽、新梢生长、开花着果、浆果发育期交叉重叠进行，因此，从萌芽至开花前后及浆果膨大期，温度调控应始终保证有利于花芽分化的最适室温20 ～ 30℃。对气温、地温管理应保持缓慢升温，协调一致的原则。因此，大棚葡萄温度调控应重点做好：①强化棚内保温设计，优化棚室结构，确保采光、保温性能最大化。②选用保温性能良好的覆膜材料，多层覆盖。③做好排水沟的防寒工作。在围膜排水沟内装杂草和秸秆等保温材料。防止土壤热量传导到大棚外。④人工短期加温。如遇寒流、雨雪、连阴天气，棚内温度过低，可采用加温炉、灯光加热、熏烟（利用秸秆发酵释放热量）提高地温、搭建火炉等短期加温措施。此外在强调棚温保温的同时，还必须防止温度过高对葡萄造成伤害。据晁无疾教授等报道，若温室内温度高于38℃，对开花和坐果将造成毁灭性的影响，所以应十分重视瞬时高温对葡萄植株花期的危害。降温方法有：①通风降温。先放顶风，再放底风，最后打开北墙通风口进行降温。②喷水降温。喷水降温必须结合通风降湿进行，以防止空气湿度过大。

（2）光照调节。生产实践中，光照调节措施有：①选择在弱光条件下能够正常进行花芽分化的耐弱光品种，这一点在生产中非常重要。②建造采光合理的大棚架，并采用透光性能良好的覆盖材料，还可以用人工光源补光或利用地面反射光，如生产上采用南北向的大棚建造、选用蓝膜和红膜作为反光材料。③扩大棚宽度和种植行距。④生长势强的品种应选择棚宽6米、行距3米以上的大棚种植。采用合理的栽培措施，如采收后尽早揭除棚膜，使新梢有充足的时间在自然光照条件下生长发育，达到培育良好结果母枝的目的。⑤合理的树形，适宜的修剪技术。棚架栽培采取水平龙干形，配合采用倾斜叶幕形。恰当修剪，采用重短截更新和超长梢修剪、摘心、花序整形等方法改变光照，促进成花。⑥通过提高设施内CO_2浓度来提高光合效率，作为对设施内光照减弱的补偿。

（3）湿度调节。降低湿度的措施：①采用无滴膜覆盖。②改变灌溉方式，变传统漫灌、沟灌为滴灌、渗灌，灌后实施覆土、地面铺草或覆盖地膜。③通风换气。

（4）补充大棚内温室CO_2浓度。增加CO_2浓度的措施：①通风换气。在白天保持25 ~ 32℃，夜温不低于10℃的情况下可以进行通风，以后随气温上升，逐渐加大通风量，增加温室内CO_2浓度。②增施有机肥。向土壤中增施有机肥料和地面覆盖稻草、麦糠等有机物。这些有机物经过腐烂，能促进微生物分解，同时释放大量CO_2。③增施CO_2气肥。方法有：固体CO_2气肥法、燃烧法、机械送入法、CO_2气肥发生器等。

（5）促进营养积累。采果后，落叶前，每公顷施土杂肥37 500千克补充CO_2的不足。

（6）改善光照加强后期管理。后期管理主要是采收后，架面叶片和地下的管理，避免粗放管理。

①控制枝蔓。大棚栽培葡萄的株行距比较小，而葡萄的生长量又比较大，采果后又是葡萄的生长旺季，所以细致地做好夏剪工作，整好树形尤为重要。首先做好摘心打杈，除去卷须和细弱枝蔓，摘除病害严重

的叶片，以减少养分消耗，调节树体养分流向，促进芽眼饱满老熟。其次是做好结果枝、营养枝和更新枝的三枝配套。要及时处理计划外的二次结果。修剪后要及时保护伤口，防止病菌侵入感染伤口，保护伤口健康愈合。

②增施肥料。葡萄树体结果后消耗了体内大量养分，在果实采收后，视植株长势，每亩施入复合肥15～20千克左右，喷施0.2%尿素液和0.2%的磷酸二钾混合液2～3次，以促树势恢复正常生长。如果树长势旺盛，则少施，以防新梢徒长。在9月下旬至11月上旬完成秋施基肥。每亩用土杂肥、圈肥、堆肥等有机肥2 500千克，加过磷酸钙20～25千克混合后开沟施入，施后覆土。

③防治病虫害。大棚葡萄采果后的主要病害是霜霉病、锈病等。8～9月份是霜霉病、锈病的发病盛期，多雨年份以霜霉病为主；干燥年份以锈病的为主。葡萄采果后仍要继续抓好对病害的防治。另外，要注意叶蝉、白粉虱等害虫的防治。

④土壤管理。中耕松土，抗旱灌溉。秋季果园杂草丛生，土壤透气性差，因此，采果后及时中耕除草，秋季结合施肥进行深翻，这样既有利于园内土壤疏松透气，又可保水保肥，促进新根新梢生长。8～10月份，葡萄常面临秋旱威胁，因此要注意抗旱灌溉，如果连续出现晴天15～20天，应及时灌溉，保持田间持水量不低于60%，沿海大棚葡萄一般采取滴灌方式。

⑤清洁果园。冬季清除园中杂草，将剪下来的病梢、病叶、病果、枯枝及杂物集中带出园外深埋或烧毁，以减少病虫源，然后全园喷洒石硫合剂，消毒杀菌，阻碍越冬病菌着落树体繁衍，保护花芽越冬免遭冻害，安全越冬。

（二）大棚葡萄小花序的现象（病变）

1. 花序小的原因

（1）沿海大棚葡萄在封棚膜前后都采取涂抹催眠剂进行破芽，这时如果棚内升温过快，高温催芽，就易造成新梢徒长，花序小的现象（彩图111）。

（2）弱树势涂单氰胺后也会出现花序小的现象。

彩图111　花序小的现象

2. 矫治花序小的措施

（1）覆膜初期棚内要注意保湿，并逐渐升温，切忌升温过快。

（2）重视栽培管理。结果树的葡萄，其冬芽的花芽分化时间很长，从花序原基（突状体）到各级穗轴原基、花蕾原基、第一花序原基、第二花序原基需要二年的时间。期间与环境条件密切相关。当增加肥水、适时摘心，使葡萄植株多积累营养物质，少消耗营养，加上温度适宜、光照充足时，花芽分化就好，花序就大。

（3）弱树势不用单氢胺破眠剂破除休眠。

（三）大棚葡萄单性果的现象（病变）

花期遇到10℃以下的低温则不能受精。同时，低温下代谢活力差，受精时间延长亦影响坐果，无核果数量增加。若不是无核化栽培，就严重影响了产量（彩图112）。

彩图112　葡萄单性果的现象

造成葡萄单性果的原因有：花期低温、光照不足、树势过强、冬季修剪过重。

预防对策：

（1）花前控肥、控水，培育中庸树势。

（2）冬季控制修剪量。

（3）调节营养分配。特别在花期，控制营养生长，增加花穗的营养分配。

（4）根据大棚葡萄安全开花期间的气温要求，花期要有连续5天气温在15℃以上。如果要提早，必须有以上这个条件，否则易产生僵果。所以要采取以下措施预防：

①大棚薄膜应一年一换，采用透光性好的新薄膜覆盖。

②可以用双膜覆盖来提高温度，此外在葡萄开花前后5～10天，严密注意气象预报，当环境温度低于10℃，特别是低于8℃时，在夜间可以增加织物等地面覆盖物，或用1 000瓦的日炽灯（每亩1.5盏），棚内放置位置在棚之间的地上部50厘米处，或用加温炉进行加温，能提高夜间温度，以达到棚内温度在13～15℃左右。

③我们研究分析：不宜盲目过早地进行覆膜封棚，以免开花期过早而遇到不可防御的低温影响。在目前采用单层薄膜覆盖的大棚栽培情况下，把开花期控制在4月8日左右，盖膜封棚期在1月15日左右为宜，这样就可以让葡萄开花期（花芽分化的关键时期）的最低气温<10℃，特别是<8℃的机率将会大大降低。

④棚膜管理要精细化，在晴热天，棚内温度因光照陡升，应及时通风降温至34℃以下；午后日落前气温会陡降，应在棚内气温尚未大幅下降时及时封棚保温。

⑤大棚内铺设银色反光膜，有利于棚内地温和气温的适当提高，也有利于棚内光照强度的增加，进而有利于增加花芽形成。

⑥棚内土壤应保持湿润，切忌过干。特别在冷空气来临前的晴热天中，采用深沟高畦栽培的葡萄园，可灌半沟水，使水温增加，在冷空气来后，水中贮藏的热量能散热增温，同时棚内较高的空气湿度有利于抵御低温影响，冷空气过后，排除积水，及时降湿，并注意灌水千万不可过满。

（四）大棚葡萄欧亚品种群成花率低

1.欧亚品种成花率低的原因 由于欧亚品种原产地中海沿岸的欧、亚地区、树势较强。加上南方沿海涂地夏季高温多湿，春季阴雨，6～7月份的梅雨天，高湿和弱光，日照时数小，这些条件给葡萄花芽分化带来不利影响。使花芽分化形成不良，造成成花率低（彩图113）。

彩图113 葡萄成花率低

2. 提高欧亚品种成花率的措施

(1) 重视采后管理，施采后恢复肥，同时十分注意霜霉病和螨类的危害。

(2) 在秋季对枝梢进行摘心，以防徒长影响花芽分化，造成次年的成花率偏低。

(五) 果实大小粒现象

花期恰遇低温阴雨，2010年巨峰葡萄出现较严重的大小粒现象（彩图114），严重地块发育良好的果实不足25粒的果穗超过50%

彩图114　葡萄果实大小粒现象

(六) 葡萄畸形叶穗（彩图115）

(七) 棚内温度管理不太好引起花芽分化不良（彩图116）

彩图115　畸形叶穗

彩图116　葡萄花芽分化不良

参 考 文 献

谢臣，屠岩峰，李红. 2010. 日光温室葡萄花芽分化研究进展及调控措施 [J]. 宁夏农林科技(3).

王华新. 2006. 南方鲜食葡萄优质高效栽培技术 [M]. 北京：中国农业出版社.

赵奎华. 2006. 葡萄病虫害原色图鉴 [M]. 北京：中国农业出版社.

徐小菊，陈青英. 2010. 沿海涂地大棚葡萄种植100问 [M]. 北京：中国农业出版社.

Juan Francisco Palam Mendoza 智利葡萄种植技术手册.

图书在版编目（CIP）数据

沿海地区大棚葡萄有害病变图例与防治对策 / 徐小菊，陈青英主编．—北京：中国农业出版社，2011.10
ISBN 978-7-109-16011-8

Ⅰ．①沿… Ⅱ．①徐… ②陈… Ⅲ．①葡萄—病虫害防治 Ⅳ．①S436.631

中国版本图书馆CIP数据核字（2011）第169577号

中国农业出版社出版
（北京市朝阳区农展馆北路2号）
（邮政编码 100125）
责任编辑 姚 红 王琦瑢

北京中科印刷有限公司印刷 新华书店北京发行所发行
2012年1月第1版 2012年1月北京第1次印刷

开本：880mm×1230mm 1/32 印张：3.5
字数：102千字
定价：25.80元